農業は
農民家族経営が担う

日本の実践とビア・カンペシーナ運動

溝手 芳計・村田 武 編著

筑波書房

はじめに

　本書を手にとっていただき、ありがとうございます。

　目次をご覧いただく前に、本書の構成について一言お伝えしたいことがあります。

　本書は、Ⅰ～Ⅲの３部構成となっています。一見すると、Ⅰ部、Ⅱ部が各執筆者のオリジナルの論稿から成り立っているのに対して、Ⅲ部はドイツ政府冊子の要訳紹介となっており、添付資料と受け止められるかもしれませんが、これは、編著者の本意ではありません。私たちは、Ⅰ部も、Ⅱ部も、Ⅲ部も同等に重要な要素として配置しております。

　ただ、Ⅲ部について、ドイツ語原文冊子は、本文だけでA4版135ページ余り（はしがきや参考資料等を加えると190ページ近く）に及ぶ大部なもので、しかもまとまった構成をとっています。要訳とはいえ、原著の趣旨をできるだけ正確に読者にお伝えしたいとの思いから、その構成を踏襲することにしました。その結果、Ⅲ部は、Ⅰ部、Ⅱ部とは異なる章節形式となっています。

　以上の点をご理解いただき、３つの部分を均等に扱い、それら全体をつうじて執筆者・翻訳担当者一同の考えを表現しているものと受け止めていただければ、幸いです。

　各部の位置づけを改めて記しておきます。

第Ⅰ部　日本農業がアベノミクス構造農政からの転換を必要としていることを示したうえで、家族経営を中心とする地域農業再生の取り組みを紹介する。

第Ⅱ部　国連「農民と農村住民の権利宣言」と呼応して諸外国の農民が進めている農政改革や社会改革の運動を紹介し、日本農業再生運動の手がかりを模索する。

第Ⅲ部　農民運動や市民運動に押されてドイツ政府が推進している「農業の将来に関する委員会」の答申の要訳をつうじて、日本の農政改

革への示唆を得る。

　これらを通じて、これからの日本農業がどうあるべきかを、読者の皆さんといっしょに考えていきたいと思います。

目　次

はじめに……………………………………………………………… iii

第Ⅰ部　日本農業の危機から逃げる「改正食料・農業・農村基本法」
　　を乗り越える …………………………………………………… 1

　1　改正基本法は食料主権が基本であるべき ……… （髙武　孝充）… 2

　2　改正基本法とJAグループの姿勢 ………………… （小松　泰信）… 17

　3　酪農危機をどう突破するか

　　　──四国最大の酪農基地・愛媛県西予市

　　　……………………………………………………… （椿　真一）… 26

　4　農村の過疎化をどう食い止めるか ……………………………… 35

　　(1)　オーガニック化と「FEC自給圏」づくりの一体化 …… （村田　武）… 35

　　(2)　長崎県南島原市の「オーガニックビレッジ」づくり

　　　……………………………………………………… （佐藤　加寿子）… 40

　　(3)　愛媛県西予市の「百姓百品グループ」──地域の底辺を支える

　　　……………………………………………………… （山藤　篤）… 47

第Ⅱ部　決起する諸外国の農民運動
　　　──闘うビア・カンペシーナ加盟農民組合 ………………… 61

　1　決起するドイツの農民 ……………………………… （村田　武）… 62

　2　ドイツ・オーストリア・イタリアの有機農家 ………………… 69

　　(1)　ドイツのビオホーフ・グレンツェバッハ ……… （椿　真一）… 69

　　(2)　オーストリアのデメーテルホーフ・クノルン ……… （橋本　直史）… 73

　　(3)　イタリアのアグリツーリズムを展開する有機農場 … （山口　和宏）… 76

　3　フランスの農民運動と家族農業 ………………… （石月　義訓）… 82

v

4 欧州農民の抗議活動と農民運動、EU農政
　　——欧州ビア・カンペシーナに注目する …………………（溝手　芳計）… 87

5 イギリスでも農民が立ち上がる
　　——EU離脱後の農政改革に向けた農民運動の取り組み
　　………………………………………………………………（溝手　芳計）… 96

6 「農の多様性」米国でも焦点
　　——家族酪農経営の危機 ……………………………………（佐藤　加寿子）… 102

7 インドネシアにおける農民運動の展開
　　——農民の権利回復と連帯経済を追求するインドネシア農民組合（SPI）
　　………………………………………………………………（岩佐　和幸）… 107

第Ⅲ部　ドイツ農業の将来——社会全体の課題

　　………………………………（要約編集：溝手　芳計・村田　武）… 117

【はじめに】……………………………………………………………………… 118

A　ドイツ農業の現状 …………………………………………………………… 123

A-1　経済的側面 ……………………………………………………………… 123

A-2　社会的側面 ……………………………………………………………… 130

A-3　エコロジーと動物福祉の側面 ………………………………………… 134

B　提言 …………………………………………………………………………… 140

B-1　目的とガイドライン …………………………………………………… 140

　1.1　農業の将来ビジョン …………………………………………………… 140

　1.2　転換プロセスの12の指針 ……………………………………………… 146

B-2　社会的行動分野、政策オプション、および提言 ………………… 150

　2.1　農業の構造と農業経営の価値創造……………………………………… 150

　2.2　労働力 ……………………………………………………………………… 152

　2.3　世代と多様性の問題 …………………………………………………… 153

　2.4　農業における社会保障 ………………………………………………… 156

　2.5　農村地域と農村空間 …………………………………………………… 157

目　次

2.6	食料と農業に対する社会的認識と評価……………………	158
2.7	食生活スタイルと消費者行動 ………………………………	159
2.8	政策と行政 ……………………………………………………	162
2.9	知識管理と科学的な政策助言 ………………………………	163

B-3　エコロジー的行動分野、動物福祉、政策オプションおよび提言 …　164

3.1	気候変動と農業に対するその影響…………………………	164
3.2	土壌、水、大気、栄養サイクル ……………………………	168
3.3	農業生態系、生息地、および種 ……………………………	169
3.4	畜産 ……………………………………………………………	171

B-4　経済的行動分野、政策オプションおよび提言 ………………………　174

4.1	市場 ……………………………………………………………	174
4.2	農産物貿易における公正な競争条件………………………	182
4.3	公的助成 ………………………………………………………	184
4.4	技術的進歩 ……………………………………………………	187
4.5	予防は報われる──コストと便益の概要…………………	189

【監訳者解題】…………………………………………………………………　191

あとがき ………………………………………………………………………　195

vii

第Ⅰ部

日本農業の危機から逃げる
「改正食料・農業・農村基本法」を乗り越える

1 改正基本法は食料主権が基本であるべき
――直接所得補償を確実に

（1）アベノミクス構造改革の矛盾

はじめに

　平成6（1994）年12月に食糧法（主要食糧の需給及び価格の安定化に関する法律）が成立した。ただし、ミニマム・アクセス米については、平成7（1995）年4月からの適用とし、それ以外の条文は平成7（1995）年10月からの適用とする異例の措置となった。WTO農業協定との整合性を図るためである。

　昭和36（1961）年に制定された農業基本法は、農業生産をアメリカからの輸入と競合しない作物・畜産物の生産に「選択的拡大」し、勤労者との所得格差の縮小（農工間の所得均衡）とともに、農業構造を改善して農業の近代化を図るというものであった。

　その農業基本法を廃止して、WTO農業協定との整合性を図るように平成11（1999）年に制定されたのが、「食料・農業・農村基本法」であった。

　平成7（1995）年に成立した世界貿易機関（WTO）は農業分野についても自由貿易を推進する強力な機関であった。当時は農産物過剰の時代であり、米国およびEUを中心に農業協定及び附属書、自由貿易を阻害することがないように衛生植物検疫措置の適用に関する協定（SPS協定）などが制定された。しかし2000年以降、シアトルでラウンドが開始されるはずであったが、シアトル宣言が多くの加盟国の反対で閣僚宣言を出せずに中止となり、やっとのことでドーハ宣言によりラウンドが開始された。10年間の交渉の末、自由貿易を推進するケアンズグループやアメリカなどの輸出国グループと、助成金を多用する先進国EUや純食料輸入国からなる日本やスイスなど国内保護重視のグループ（G10）、そして特別な保護を要求する発展途上国、さら

1 改正基本法は食料主権が基本であるべき

に新興国（中国、インド、ブラジル等）との対立で交渉は頓挫した。

　そのためわが国は、2国間の自由貿易協定や、ASEAN・日本包括的経済連携協定（AJSEP）など複数国間の協定も締結しており、2022年2月現在では発効・署名済みのFTAは21件となっている。第一次安倍内閣（当時）も例外ではなく、新自由主義路線を推進し、食料自給率の向上ではなく輸出促進を推進したが平成18年（2006）年から平成19（2007）年までの短期間で終わった。2009年衆議院選挙では、行き過ぎた自由貿易に不安を抱いた農業主産県である北陸・東北・北海道の多大な支持で誕生した民主党（当時）政権（2009年－2012年11月）も短期間で終わり、平成24（2012）年12月第二次安倍政権が誕生した。安倍首相（当時）は、民主党政権時代には反対していたTPP（環太平洋経済連携協定）に、政権に復帰するやいなや、平成25（2013）年、交渉に参加すると発表した。JAグループをはじめとする「TPPを考える国民会議」など多くの団体が全国で反対運動を起こしたことは記憶に新しい。これについては、以下で今一度触れる。

規制改革推進会議が主導したアベノミクス農政

1）農業者戸別所得補償事業の廃止

　まず、第二次安倍政権が実施したのは、民主党政権の「米戸別所得補償モデル事業」（平成22（2010）年度）、それを翌平成23年度から継続した「農業者戸別所得補償制度」の平成24（2012）年の廃止であった。民主党政権の「農業者戸別所得補償制度」は、政権交代前の自民党が平成19（2007）年度に実施した「品目横断的経営安定対策」の基本を継承したものであったが、自民党の「品目横断的経営安定対策」はその支払いを経営規模4ha以上の担い手経営に限定するという、まさに典型的な構造政策であった。ところが民主党政権が導入した「米戸別所得補償モデル事業」は支払い対象に差別を持ち込まないものであった。規制改革推進会議に主導された構造政策をめざす安倍政権にとっては、これは許しがたいものであった。そこで、それが「担い手をあいまいにするバラマキ」だと強弁してこれを廃止したの

3

第Ⅰ部　日本農業の危機から逃げる「改正食料・農業・農村基本法」を乗り越える

である。「農業者戸別所得補償制度」による「米の所得補償交付金」は、決してバラマキではなかった。このことについて、村田武氏は、「農林水産省調べでも、総予算の約6割は、支払われた農家のうちわずか10.1％の経営規模2ha以上の農家に配分されていた」（村田、2015）といち早く指摘していた。

2）TPP交渉参加表明

①安倍首相（当時）のTPP渉参加表明と政府自民党の説明

安倍首相（当時：第二次）は平成25（2013）年3月15日、TPP交渉への参加を表明した。「食」と「農」をはじめ日本社会の仕組みの変化に対する不安を持っている団体、とくにJAグループおよび農業関係者に対して、政府与党国会議員は「低価格の農産物が輸入される可能性は否定できないが農業再生産可能な制度を作るから安心して政府に任せてほしい」と全国で説明して回った。この説明は、民主党政権の農業者戸別所得補償事業が農業者に一定の評価を受けていたにも拘わらず、「バラマキ」だとして事業を廃止した政府自民党の対案でもあった。

②TPP衆参議院国会決議は守られていない

参加表明直後の2013年4月に衆参議院国会は以下の決議をしている。

1）米、麦、牛肉・豚肉、乳製品、甘味資源作物などの農林水産物の重要品目については、引き続き再生産可能となるよう除外又は再協議の対象とすること

2）十年を超える期間をかけた段階的な関税撤廃も含め認めないこと

3）食の安全・安心及び食料の安定生産を損なわないこと

4）濫訴防止策等を含まない、国の主権を損なうようなISDA条項には合意しないこと

5）農林水産分野の重要5品目などの聖域の確保を最優先し、それが確保できないと判断した場合は、脱退も辞さない

6）交渉により収集した情報については、国会に速やかに報告するととも

に、国民への十分な情報提供を行い、幅広い国民的議論を行うよう措
置

7）交渉の帰趨いかんでは、国内農林水産業、関連産業及び地域経済に及
ぼす影響が甚大であることを十分に踏まえて、政府を挙げて対応する
こと

結果として、TPP交渉内容に対する衆参議院国会決議は守られていない。

③TPP発効要件と米国のTPP離脱宣言

TPP協定は、要件を満たした60日後に発効すると規定した。

1）署名から2年以内にすべての原署名国が批准した場合、その時点の60
日後に発効

2）署名から2年以内に原署名国のGDP合計の85％を占める6カ国が批
准した場合、2年経過時点の60日後に発効

3）署名から2年経過後も発効しない場合、原署名国のGDP合計の85％
を占める6カ国が批准した時点の60日後に発効

したがって、日本と米国でGDPの74％（日本11.4、米国62.8）を占めてい
るので日米両国の批准が鍵になる。しかし、米国トランプ大統領は平成29
（2017）年1月20日（日本時間21日）の大統領就任演説で、「TPPからの永久
離脱」を宣言した。かつ、2国間交渉には前向きの宣言も行った。アメリカ
が離脱すれば、TPP発効の要件を満たさない。しかし、トランプ大統領は二
国間協定には積極的であるから、日米FTAをわが国に持ちかけることは目
に見えていた。安倍首相は「国益にならないことは拒否する」と繰り返し答
弁をしていたものの、「豪州・カナダともFTAを進めているので米国との交
渉に応じても矛盾はしない」と言い始めるにいたり、「行き過ぎた自由化」
路線へ突き進んだのである。

3）農地中間管理事業の推進に関する法律

アベノミクス農政の目玉とされた平成25（2013）年からの「農地中間管理
機構」の――その目標は令和5（2023）年までに6万経営体に農地の8割を

第Ⅰ部　日本農業の危機から逃げる「改正食料・農業・農村基本法」を乗り越える

集積──目標達成はできなかった。令和4（2022）年末の実績では、全国の担い手への集積は59.5％、九州地区では佐賀県70.1％、宮崎県57.0％、福岡県55.9％と続く。

　しかし、この実績値にはカラクリがある。集落営農等での農作業受託面積もカウントされており、利用権は設定されていない。この仕組みは当初から懸念されていた。一つは、農地保有合理化法人（当時）が実施していた仕組みを都道府県レベルに実施させるとしたもので農地所有者と借入者との顔が見えない。二つは、そのことが中央（政府・農林水産省）での机上の頭では理解できなかったこと。三つには、貸借関係の清算方法を現金のみとしたこと。実際の現場での清算方法は、①自家用米、②自家用米プラス現金、③現金のみの3通りである。貸し手の家族構成や貸す面積で違ってくるからだ。四つは、必ず相続が発生する。農地中間管理機構ではその対応は全くしない。これらは、実績に応じた協力金を支給しても解決はしない。協力金は貸借当事者には全く関係がなく、中央（政府・農林水産省）も農地の効率的集積のみしか考えなかったからである。

4）農協法の改正

　平成26（2014）年、安倍政権は、反TPP運動を展開するJA全中・都道府県中央会を根拠法たる農協法から外すか、地域JAの准組合員の利用規制を設定するか、の二者択一をJAに突き付けた。結果として改正農協法ではJA全中の一般社団法人化をはじめ農協中央会に関する条文第4章がバッサリ削除された。さらに、全農の一般株式会社への道、地域農協に対しては「農業者の所得増大」を第一義とし政府の責任を押し付け、信用・共済事業は農林中金及び全共連への代理店とする道を開いた。

5）指定生乳生産者団体制度の廃止

　平成29（2017）年、規制改革会議農業WGの提言を受け、第二次安倍政権は、指定生乳生産者団体制度の廃止を強行した。しかし、数年後には規制改

革会議が自信をもって参入させた一般株式会社は経営不振に陥ったのである。

6）農業競争力強化支援法

　平成29（2017）年５月に成立し、８月に施行された本法律は、「農業のいっそうの市場原理化」「全農の株式会社化及び指定生乳生産者団体制度の廃止」の延長線上であって、「全農の事業を解体・縮小し、民間の参入を図る」「農業を市場経済に投げ込む」「農業所得の向上については農協任せ」「市場経済に投げ込みながら、農業収入保険制度は再生産の保証を可能とする設計を想定していない」というものであった。

7）国家戦略特区法による一般株式会社の農地取得

　①平成21（2009）年の農地法改正により、一般会社にも解除条件付きの農地等のリース方式が認められるようになった。「解除条件付賃貸借契約」と呼ばれる。直近の実績が報告されていないので、平成30年時点では一般企業約3,670社が参入しているが、黒字企業は３割程度にすぎないといわれる。

　②国家戦略特区とは、「世界で１番ビジネスがしやすい環境」を創出するという目的で始まった政策で、アベノミクスの第３の矢の中核を担う成長戦略であった。"規制を緩和することで新しい可能性を生み出す"これが国家戦略特区の最大の強みともいわれ、内閣府の所管であった。

　農地取得もこれに含まれ、兵庫県養父市がよく知られている。平成28（2016）年９月１日から令和５（2023）年８月31日までに、国家戦略特区である養父市においては、農業の担い手が不足する地域において、法人の農業参入を促すことで、農業の国際競争力を強化し、わが国の経済社会の活力の向上及び持続的発展を図る意味から、長期的、安定的な農業の経営環境や多様な担い手の確保を目的に、農地法の特例を設け、一定の要件の下、農地所有適格法人以外の法人の農地の所有（法人農地取得事業）が認められた。本事業により、８法人が合計2.13haの農地を取得している。（令和５年12月末

第Ⅰ部　日本農業の危機から逃げる「改正食料・農業・農村基本法」を乗り越える

現在）。8法人のなかには「住環境協同組合」が含まれていたために、農林水産省は、「将来農地を転用して住宅を作るのでないか」との懸念を示しているのが現状だ。

8）米の生産調整廃止

　昭和45（1970）年から続いてきた米の生産調整は、平成30（2018）年に事実上廃止された。安倍政権は、「行政による米の生産数量目標の配分」を見直すとしたのである。これは、平成25（2013）年10月の産業競争力会議農業部会（当時）に委員が提出したペーパーに、「平成28年には生産目標数量の配分を廃止し、生産調整を行わないこととする」とあったのがきっかけである。問題は、「行政による米の生産数量目標の配分」を見直すこと、すなわち、生産調整の廃止は、政府の主穀・米の米価安定責任を放棄することであったことにある。

　今一つの問題は、「米の直接支払交付金（定額部分）」10アール当たり1万5,000円を平成26（2014）年度産から7,000円に減額し、生産調整廃止と同時に廃止したことであった。さらに、経営所得安定対策の直接支払いの「交付対象者」を、平成25に認定農業者に限定するとした。当時の認定農業者が販売農家145.5万戸のうちわずか23.7万戸（16.3％）に過ぎなかった現実からすれば、大多数の非認定販売農家を支払いから排除するものであった。

9）種子法廃止

　平成30（2018）年、種子法が廃止された。種子法は昭和27（1952）年に、「食糧の増産という国家的要請を背景に国・都道府県が主導して、優良な種子の生産・普及を進める必要がある」という観点から制定されたものであった。種子法でいう種子とは、米、麦類、大豆の種子である。廃止の理由について、農林水産省は、公立農業試験場に対して民間企業に「イコール・フッティング（対等の競争条件）」が与えられていないからだとした。

　結局のところ、アベノミクス政権の農政はいかなるものだったのか。

第一に、農協を始めとする農業団体の解体（再編）である。旧規制改革会議が発表した「農業改革に関する意見」は、農業改革にふれるどころか、もっぱら農協・農業委員会の解体もしくは再編の要求であった。

第二に、わが国農業を市場原理に放り込み、一般企業の農業参入促進である。さらに、ミニマム・アクセス米輸入を止めることもなく、食料自給率引き上げではなく、輸出に熱中する新自由主義農政である。

第三に、メガFTA（TPP11・日欧EPA・日米FTA）と呼ばれる環境を作り出し、わが国農業が縮小するのをごまかすために、「農業は成長産業だ」と言い続けた。

要するに「美しい農村を守る」と言いながら、農業・農協の脆弱化であり、一般企業の農地取得を含む農業参入への環境整備であった。安倍首相が2018年度通常国会で自慢げに演説した「60年ぶりに農協改革を実施した」「岩盤にドリルで穴をあける」と言ったのは中身を全く理解していない演説であったと言っても過言ではない。

（2）岸田農政を「食料・農業・農村基本法」の改正に見る

はじめに

2020年9月に誕生した菅政権はいうまでもなく、アベノミクスを継承するとして何もしなかった、いや新型コロナウイルス禍に追われたと言ってもよい。

また、2021年10月に誕生した岸田政権も今や自民党の裏金問題の対応に追われ「食料・農業・農村基本法」改正に頭が向いていないようだ。岸田首相は、政権発足当初は「新しい資本主義」を標榜したものの、アベノミクス農政に変わる政策は出していない。アメリカべったりの岸田首相には、ブッシュ元大統領の演説「食料自給は国家安全保障の問題であり、それが常に保証されている米国はありがたい」「食料自給できない国を想像できるか、それは国際的圧力と危険にさらされている国だ」（2001年）は、わが国にたいする辛辣な批判であることに思い至らないものと見える。

第Ⅰ部　日本農業の危機から逃げる「改正食料・農業・農村基本法」を乗り越える

　これまでの農産物自由貿易WTO体制と大きく違うのは、令和4（2022）年2月24日ロシアのウクライナ侵攻によって、世界的な食料危機が叫ばれ、ロシアが大きな輸出国とされる肥料3要素（窒素、リン酸、カリ）から生成される化学肥料の価格が高騰し、さらに円安が追い打ちをかけたところにある。34年ぶりの1ドル≒160円といわれるまで円安が進んだ。食料過剰時に制定された食料・農業・農村基本法が25年ぶりに改正されることにならざるを得なくなったのは当然であろう。改正の中心に据えなければならないのは、「食料安全保障」が1丁目1番地である。言い換えれば食料自給率の具体的向上と多様な農業の担い手及び農村の活性化である。これらについて検証していかねばならない。

1）「食料主権」と「食料安全保障」

　WTO農業体制は、20世紀に打ち立てられた農業保護政策・生産刺激政策の全否定を通じて、世界の国々が持っている食料安全保障という「農業・食料問題」を抹殺してしまう体制であると言っても過言ではない。改正される食料・農業・農村基本法は、その根底に「食料主権」がなければならない。さらにこのことを国民に訴えるものでなければならない。

　世界が今取り組んでいるSDGs（持続可能な開発目標）は「誰一人とり残さない」をキーワードに17の目標に向かって、それぞれの分野々で取り組まれている。目標の第一は「貧困をなくそう」であり、第二は「飢餓をゼロに」である。わが国食料自給率38％（カロリーベース）は先進国では最低レベル、世界で多用されている穀物自給率は28％で124位である。穀物はカロリーが高いので密接に関係している。SDGsは、世界の国・地域が協力して目標の1及び2を達成していこうと世界中で取り組まれていることである。改正基本法と無関係であるはずがない。

2）食料自給率向上が条文化されていなかった

　WTO時代は食料過剰の時代であった。ところが、2022年2月24日ロシア

のウクライナ侵攻、さらに地球温暖化にともなう世界的な気候災害もあって、国際社会は食料の過剰から不足の時代に大きく様変わりし、世界的な食料危機の時代になっている。こうした状況下にありながら、改正原案では食料自給率向上が条文化されていなかった。農林水産委員会での多数の委員の意見によって、自給率向上が条文化されたと聞いている。

わが国の食料自給率は38％（カロリーベース）とされる。この食料自給率38％も、肥料3要素（窒素、リン酸、カリ）の原料が輸入できなければ22％に低下するという。さらに、作物種子の90％を輸入に依存していることを考慮すると自給率は9.2％になるという（鈴木、2024）。

世界的な穀物は麦類が主である。その麦類（小麦）の輸出国は、1位がロシアの3,727万トン（18.8％）、2位がアメリカの2,613万トン（13.2％）、3位がカナダの2,611万トン（13.2％）、4位がフランスの1,979万トン（10.0％）、5位がウクライナの1,806万トン（9.1％）である。小麦の世界生産量は7億6,100万トンで、そのうち輸出量は1億9,850万トン（26.1％）である。小麦は主に生産地で消費されているのである。在庫量は図「小麦の在庫量」のとおりである。アメリカ農務省は、4月の穀物需給見通しで、2021〜22年度の小麦の世界の期末在庫は2億7,840万トンと、3月予想から310万トン減り、5年ぶりの低水準になると発表した。ロイター通信が集計したアナリスト予想平均の2億8,140万トンを下回った。その要因は以下のように分析されている。インドが国内向け供給のため在庫を切り崩すとみて、同国の期末在庫を442万トン減の2,100万トンに引き下げたことが響いた。小麦の世界輸出は2億トンと3月から300万トン減った。欧州連合（EU）の輸出は「予想を下回るペース」（アメリカ農務省）とし、350万トン減の3,400万トンに引き下げた。ロシアの侵攻を受け黒海からの出荷が止まっているウクライナの輸出は100万トン減の1,900万トンに引き下げた。一方ロシアの輸出は価格競争力があることを理由に100万トン増の3,300万トンに引き上げた。

第Ⅰ部　日本農業の危機から逃げる「改正食料・農業・農村基本法」を乗り越える

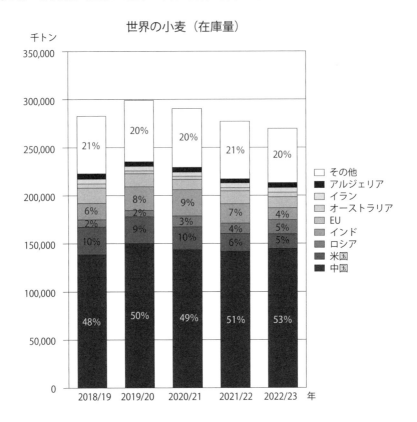

3）米はまだ作付面積を増やすべきではないか

　主食用米の価格は、稲作減反の廃止とともに、政府が価格安定機能を放棄したために、作況指数に敏感に反応する。ところが、作況指数のふるい目は0.7ミリであり、実際に流通しているふるい目は0.75ミリから0.85ミリまで幅がある。農林水産省は、都道府県ごとに流通米のふるい目を把握している。近年の主食用米生産量は700万トンを割っている。農林水産省は、畑地化して麦類やとうもろこしなどを作れば交付金を出すと言っている。ただし、5年に一度は「水張り水田にせよ」という。これでは、政策の順序がまちがっている。まずは、ふるい目0.7ミリでの作況指数をやめることだ。今、考えられている3種類の方法、つまり、北陸・東北・北海道は0.85ミリ、中国・

九州は0.8ミリ、四国・沖縄県は0.75ミリという方法でやってみることだ。そうすれば主食米の作付面積は増えるはずだ。そうでなければ、「農業の持つ多面的機能」は説明できない。飼料用米、米粉などの需要はまだ増えるはずである。

ミニマム・アクセス米の取り扱いについても、基本法改正と直接関係するとはいえないが、触れないわけにはいかない。ミニマム・アクセスは基準年消費量の3～5％という輸入機会の提案がなされたが、わが国は関税化反対を基本としていたので当初4％から最終8％にまで1995から2000年に引き上げる提案を承諾した。毎年輸入量が基準年消費量の0.8％上がる仕組みであった。農林水産省は、1994年の政府見解では米は国家貿易制度を維持したうえでの「輸入義務」とされたとして、基準年（1986～88年）の8％（75.8万トン）の輸入を「粛々」と続けている。稲作農家が「低米価で米作って飯食えない」と嘆き、アメリカ産米が1万4,169円/60kgと国産米を上回る異常事態になっているにもかかわらずである。75.8万トンが8％に相当する基準年の米生産量は948万に相当する。国産米の生産量が700万トンを下回るまでに落ち込んでいる現在からすれば、その8％は56万トンである。アメリカ政府の顔色をうかがうことに汲汲としている農林水産省であっても、ミニマム・アクセス全廃はともかく、現在の国産米生産量に対応した量に輸入量を減らしても、WTO違反にならないのではないか。

4）積極的備蓄論も「食料安全保障」には必要

備蓄体制でよく知られているのが石油だ。ロシアのウクライナ侵攻によって、世界的に石油が不足し、国際エネルギー機関は2022年3月1日に加盟国に対し、石油備蓄協調放出を決めた。日本はアメリカに次ぐ規模でそれが可能なぐらい石油を備蓄している。

農産物では備蓄の仕組みが整っているのは、米、小麦、とうもろこしである。米の政府備蓄量は100万トンとされているが、平成5（1993）年の「平成米騒動」で海外から259万トンもの米を輸入したことを踏まえれば、「100

第Ⅰ部　日本農業の危機から逃げる「改正食料・農業・農村基本法」を乗り越える

万トンでは少なすぎる」とする見方にも今日の情勢では十分に根拠がある。
小麦は、外国産食糧用の２ないし３か月分を備蓄しているが、これで十分か
との議論もある。とうもろこしについても、民間備蓄のための費用の一部を
政府が支援している。しかし、世界情勢の変化のなかで、これで十分かとい
う議論が必要である。基本法改正に当たって穀物備蓄についての議論が欠い
ているのはたいへん大きな問題である。

５）「合理的価格」「適正な価格」

　生産コストは高騰するのに、農産物価格は低迷したままという状況のなか
で、基本法改正案には「合理的価格」しか出てこないのは、生産者の期待に
応えるものではない。「適正な価格」つまり、生産資材価格が高騰した分が
しっかり価格に反映される「適正な価格」が新基本法に盛り込まれることを
期待した農業関係者は少なくない。

　ＪＡグループの政策提案によれば、それは「再生産に配慮した価格形成の
実現」である。

　①「農業の再生産に配慮した適正な価格」とすること、

　②食料安全保障上の事業者の責務を明記、

　③再生産に配慮した適正な価格形成の仕組みについて早急に具体化、

とある。

　ＪＡグループに期待されるのは、この政策提案の実現をめざす運動を起こし、
政府に圧力をかけることである。ＪＡグループのリーダーには、レイドロー
報告「西暦2000年における協同組合」（1989年）を思い起こしてほしい。レ
イドローは、「協同組合が一番成果を上げたのは、農業や食料にかかわる多
くの分野であったことについて異存がある人はほとんどいない。協同組合が、
その技術や手法の有効性を実証し得た特定の事業分野があるとすれば、それ
は世界的に見て食糧の生産、加工、販売の分野である。生産者の側から見れ
ばヨーロッパ、アジア、極東……（略）……のどこにおいても、最も大きく、
かつ一番成功している組合は、農民と農業に奉仕する協同組合である。消費

14

者の側では、1844年に設立されたロッチデール開拓者組合の店舗が、その組合員に、主として食料品を供給するために設けられた。……（略）……要するに、食糧については、生産から消費までが、協同組合としての最大の能力と経験を持っている分野である。」とした。JAグループの提案を、現在のわが国の情勢、つまり勤労者の実質賃金（可処分所得）が伸びるところか低下するなかで、食料品上昇価格が上昇する事態のなかで、勤労者や生活協同組合の反発を招かないでいかに実現するか。それは、「再生産を補償する経営所得安定対策の実現」しかないのである。

6）再生産を補償する経営所得安定対策を！

　食料・農業・農村基本法の一部を改正する法律案要綱には経営所得安定対策について何も書かれていない。2012年12月16日に投票された衆議院選挙では自民党が多数を占め与党に返り咲くことになった。

　そこで聞きたい。TPP参加表明で自民党議員が説明した「低価格の農産物が輸入される可能性は否定できないが、農業再生産可能な制度をつくるから安心して政府に任せてほしい」という仕組みは果たされたのか。答えはノウである。現行の経営所得安定対策はバラバラである。畜産はマルキン制度、土地利用型農業は担い手経営安定制度、野菜価格安定制度及び農業収入保険制度等があり、基準となるものは費用であったり、価格であったり、収入であったりと、統一されてはいない。しかも、再生産可能となる仕組みがある制度は、麦類と大豆のみである。国が全算入生産費と手取価格との差額を（売れたという条件はつくものの）補てんする仕組みである。この仕組みが再生産所得安定制度である。再生産可能な仕組みはアメリカでは形を変えながらも1973年から実施されている。今求められるは、再生産を補償する経営所得安定対策である。経営所得安定対策を一本化して価格、費用ではなく所得を補償する対策にすべきであることを強調しておきたい。

第Ⅰ部　日本農業の危機から逃げる「改正食料・農業・農村基本法」を乗り越える

【参考文献】
鈴木宣弘「岸田農政の愚策」2024年5月2日付ビデオ：経営科学出版
田代洋一『食料主権―21世紀の農政課題―』日本経済評論社、1998年
村田武『日本農業の危機と再生』かもがわ出版、2015年
髙武孝充・村田武『水田農業の活性化をめざす』筑波書房、2021年
末松博之『日本の食糧安全保障』育鵬社、2023年

（髙武　孝充）

2 改正基本法とJAグループの姿勢

(1) 北海道酪農の窮状

5月29日、農政の基本方針を定める改正食料・農業・農村基本法（以下、改正基本法と略）が参院本会議で与党などの賛成多数で可決され、成立した。

翌30日付の北海道新聞の社説は、改正基本法には言及せず、北海道における止まらない酪農家の減少を取り上げ、将来展望の描ける対策を求めている。

道庁の発表によれば、今年2月1日時点の生乳出荷戸数は前年同期比4.6％減の4600戸。これは記録のある1989年以降2番目の減少率で、戸数は同年の3分の1の水準。道内の酪農業は生乳出荷量で全国シェアの半分超を占めており、全国の牛乳や乳製品の安定供給のために果たしている役割は大きい。

環太平洋連携協定（TPP）対策の畜産クラスター事業で、国は規模拡大を強く促してきたが、その大規模酪農家も経営難に直面している。このため、「効率化を追求するあまり、経営環境の変動への対応力が弱くなったのではないか」と、「政策のひずみ」を指摘している。

離農の要因で最も多いのが「高齢化と後継者問題」で、経営規模別では搾乳牛100頭未満の中小酪農家が98％を占めているため、「経営環境の整備」「消費者の価格転嫁への理解促進」「国産飼料の生産拡大」を提言している。さらに興味深かったのは、「値上げで業績好調な乳業メーカー」に、利益還元などを求めていることである。

(2) 真摯な総括なき改正基本法

北海道新聞の社説は道内の酪農業の窮状を訴えているが、都府県の農畜産業においても厳しい状況にある。

日本農業新聞（5月30日付）のコラム「四季」は、「食料自給率の目標はただの一度も達成されず、農地と担い手は減り続けている。そして農村の衰

第Ⅰ部　日本農業の危機から逃げる「改正食料・農業・農村基本法」を乗り越える

退が続く。その轍を踏んではならない。国民一人一人の食料安全保障には、生産基盤が揺らぐ農業と農村の立て直しが急務である。どんなに立派な基本法でも、実践が伴わなければ『画餅』のまま。『百里の道』はまだ、入り口に過ぎない」としている。

同紙（5月27日付）において武本俊彦氏（食と農の政策アナリスト）は、「最重要課題であった食料自給率目標は一度として達成されなかった。この問題は、目標未達の原因を把握し、適切な政策への抜本的見直しを行ってこなかったことを意味するものである。今回の基本法見直し法案も同様に抜本的な政策見直しが行われていない」とする。

加えて、経済の停滞・衰退期に取られた大規模化などの政策的妥当性の評価、効率性と持続可能性の両立を図る政策体系の構築、これらの必要性を示すとともに、大規模量販店の優越的地位のもとで、「農業などが下請け事業者化している実態を無視した議論」がなされていたことを問題視する。

最後に、「政府案はそうした検討を行わずに改正しようとするものであり、仮に法律として成立したとしても、農業を起点とする食料システムの衰退は止められないだろう」と結んでいる。

真摯な総括なくして適切な対策なし、ということである。

ゆえに改正基本法が、日本農業の救世主になるとは到底思えない。

（3）参考人の意見陳述から見えるJAグループの姿勢

改正法案に関する参議院農林水産委員会（5月14日）における参考人5氏の意見陳述を、参議院インターネット審議中継に基づき整序し、JAグループの姿勢を明らかにする。

1）本格的な直接支払いの導入と審議会の位置付け

作山巧氏（明治大学専任教授）は、冒頭で「今回の改正案は検討期間が短く、過去の政策の検証や評価が十分ではない。条文の変更は多いが、中山間地域等直接支払制度のような生産基盤を強化するための新たな支援策が乏し

い」と総論的な評価を述べている。

改正案の問題点として「食料安全保障では生産基盤の新たな強化策が示されず、食料の価格形成では相互矛盾（小松注；消費者は安いほど良く、生産者は高いほど良い）を放置して解消策が示されていない」ことをあげている。

氏は、「累進課税を原資として生産者に対する本格的な直接支払いを実施すれば、生産者価格は上昇するが、消費者価格は低下する。これによって、生産基盤の強化と経済格差の是正を通じて、改正案の意味での食料安全保障が確保される」ことを示し、「こうした直接支払いは世界標準の政策」であり、その導入の検討を附則又は最低でも附帯決議に盛り込むべきだとする。

さらに注目すべき発言は、食料・農業・農村政策審議会の関与についてである。

改正前の基本法では、第十四条（年次報告等）において、食料、農業及び農村の動向、講じた施策、講じようとする施策を作成するにあたって、「食料・農業・農村政策審議会の意見を聴かなければならない」としている。しかし改正基本法では、第十六条（年次報告）となった当該条文においては、審議会の三文字は削除され、その関与が法的に義務付けられなくなっている。

氏は、「基本法に基づく審議会の関与は5年ごとに作成される基本計画のみとなり、政策の透明性や説明責任の低下が懸念される。こうした審議会の関与を削除する改正は極めて疑問」とする。

2）不十分な農村政策

野中和雄氏（中山間地域フォーラム副会長）は、衆議院において、農村問題に関してほとんど議論が行われていなかったことから、農村政策の重要性を強調した。

「（農村は）多面的機能が発揮される場」で、「国民の資産、財産」であることを、「基本理念にしっかり書くべきだと。何でこれが基本理念から落ちているのかということは理解できない」と慨嘆する。さらに、農村における地域経済の循環を取り上げ、「地域資源を活用した所得と雇用の確保という

のを農村振興施策として位置付けるべきである」などとして、関係人口よりも、「農業者とかそこに住んでいる地域住民の方のために必要」な政策を求めている。

さらに氏は、農村の一番の問題は「人口減少と過疎化の加速化」にあると指摘し、「農業で食べていけないこと」こそが根本的原因とする。ゆえに、「所得の確保を基本法としては中長期的な目標に絶対掲げるべきなんですね。何でこれを掲げないのか」と疑問を呈す。

農業者や農村居住者にとっては、食料安全保障以上に「自分たちの仕事、暮らし、農業を続けてやっていけるのか、住み続けていけるのかということが一番重要」だから、「農村政策は非常に重要」であることを強調する。しかしこの改正法案では、「農業者あるいは農村現場の方の失望を招くし、将来に禍根を残す」と苦言を呈している。

3）家族農業の再評価とアグロエコロジー

長谷川敏郎氏（農民運動全国連合会長）は、冒頭で、「現行法の下で、基本計画で決めた食料自給率目標は一度も達成されず、その検証もないまま、食料自給率の向上そのものを投げ捨てる改正案には反対」の姿勢を示した。さらに農民運動全国連合会の運動を踏まえ、「今こそ政治が本気で食料増産を掲げ、日本農業の再生で食料自給率の向上を目指す農業基本法」への改正を求めた。

基幹的農業従事者が25年で120万人減ったことについて、坂本農水相が農水委員会で「高齢になって離農されたからだ」と答弁したことに言及し、「問題は、減少する担い手を補充する新規就農対策を政府はやらなかったことです」としたうえで、改正案に新規就農対策がないことを疑問視する。

さらに、「規模の大小を問わず全ての家族農業を政策対象にし、家族経営の果たす役割を再評価し、農業再生の主人公にすること」を求めている。

また、「水田と里山は、農民の協同の労苦で作られた多様で豊かな生態系として将来に引き継ぐべき貴重な財産です。水田を水田として存続し、穀物

自給率を向上させること」を提案し、「水田の畑地化を条文に書き込み、田んぼを潰す政策を推進」していることを暴挙とした。

加えて、日本農業の再生の道としてアグロエコロジー（自然の生態系を活用した農業を軸に、地域を豊かにし、環境も社会も持続可能にするための、食と農の危機を変革する農法）を提案した。

最後に、「農村政策の基本は、地域農業を再生することです。日本には農業と農村が必要という国民合意をつくり上げるような基本法改定の議論を強く要望」した。

4）改正案のアウトラインとスマート農業

食料・農業・農村政策審議会の基本法検証部会長であった中嶋康博氏（東京大学大学院教授）も参考人の一人であった。

氏は冒頭、「改正案を拝見して、部会で議論したこと、答申で提案した内容は漏れなく盛り込まれている」と語った。具体的には、改正内容の背景等、そのアウトラインについての紹介が中心であったが、「人口不足、人手不足が続く中で、この生産性の向上を今後も維持しなければ、日本農業の生産性は立ち行かなくなるのです。このためにスマート農業の推進が鍵となりますが、それには投資が必要となります」と語り、スマート農業の推進とそれへの投資を強調した。そのために必要なこととして、「将来を目指した新たな方針が基本法の改正に合わせて提案されること」を指摘した。

5）内容を評価し施策の具体化を求める

馬場利彦氏（JA全中専務）は、まず「JAグループは、食料安全保障の強化を最重点課題として、食料・農業・農村基本法の改正を強く求めてまいりました」と語った。その背景にある情勢認識として、食と農を取り巻く5つのリスク（食料自給率の低迷、生産基盤の弱体化、地球規模での異常気象および自然災害の多発、国際化の急速な進展と日本の経済的地位の低下、懸念される世界的な食料争奪あるいは食料不足）を指摘した。

第Ⅰ部　日本農業の危機から逃げる「改正食料・農業・農村基本法」を乗り越える

　そして、農業所得の増大、農業生産の振興、地域の活性化のために、①食料安全保障の強化と国産への切替え、②再生産に配慮した適正な価格形成の実現、③多様な農業者の位置付けと農地の適正利用、④経営安定対策の強化、⑤JAなど関係団体の役割強化、の5点を政府に提案してきたことを紹介した。

　各提案事項の改正基本法における生かされ方については、次のように受け止めている。

　①については、食料安全保障が明確に位置付けられたことを、食料自給率等の目標も、その改善を図り、達成状況の調査・公表が明記されたことを評価している。

　②については、「消費者において、食料の持続的な供給に資するものの選択に努めるということが新たに明記されるなど、生産者のみならず、消費者もまた事業者も、それぞれの役割、努力を果たす」とされていることを評価している。

　③については、「望ましい農業構造として多様な農業者が位置付けられたことは、実態を捉えた重要な転機だ」と、理解を示している。

　④については、農業生産資材価格の著しい変動が及ぼす影響の緩和施策を講じることが明記されていることを、「心強い内容」としている。

　⑤については、その活動が基本理念の実現に重要な役割を果たすということが新たに位置付けられ、相互の連携も促進するとされていることを評価している。

　このように陳述した後、「改正案は、JAグループがこれまで提案してきた内容をかなりの部分反映をいただいているものというふうに考えており、その内容を評価いたしております」と、満足げに語っている。

　これだけ評価すれば、「新たな基本計画等を通じていかにして施策を具体化していくか」が次の課題となるが、そのために次の3点を提案している。

　①必要な施策の具体化と万全な予算の確保が不可欠。

　②実効性の確保。施策の不断の検証と必要に応じた機動的な施策の見直し。

　③適正な価格形成に向けた国民の理解醸成、さらには、国産農畜産物を選

22

択する行動変容につながる施策の抜本的な拡充。

最終的には、「JAグループとしても改正基本法の理念を踏まえて、その実現に向けてしっかりと取り組んでまいる所存であります」と、決意表明することとなる。

(4) JA全中の別働隊化と組合員の歩むべき道

このように参考人の意見陳述を整序すると、改正基本法に対する長谷川氏、野中氏、作山氏の危機意識に衝き動かされた厳しい指摘や問題提起と、提案してきたことへの満額回答に満足し、全面的賛意を示す馬場氏とのギャップが際立っている。馬場氏とJA全中の姿勢に、この三氏が納得するとは到底思われない。

筆者も納得していないし、正直失望した。すくなくとも、冒頭紹介した北海道の酪農に象徴される、この国の農業に明るい展望をもたらすようなJAグループの姿勢とは思えない。

ただし、馬場氏にこのような意見を言わせるところまで、JAグループが追い込まれていることも事実である。

安倍首相、菅官房長官、奥原農水事務次官の三者がリードして、2015年8月28日に改正農協法（2016年4月1日施行）を成立させ、TPPの一大抵抗勢力であるJAグループの司令塔と位置付けた全中を徹底的に弾圧したことである。最も象徴的なことは、農協法上から中央会の規定を全面削除し、法的設置根拠を無くしたことである。

それによって、全中は特別民間法人から一般社団法人になり、物言えぬ全中、闘えない全中となった。それだけではなく、官邸農政、農水省の言いなり機関、別働隊と化すことになった。当然、その姿勢はJAグループ全般に及ぶこととなり、今まで以上に自由民主党の強力な支援団体となる。そして、野党とりわけ革新野党との接触までもがタブー視されることになる。

その組織の専務理事に、改正基本法に対する厳しい意見陳述を求めるのも酷な話。

第Ⅰ部　日本農業の危機から逃げる「改正食料・農業・農村基本法」を乗り越える

表2-1　岸田政権の農業政策の評価

単位：%

	大いに評価する	どちらかといえば評価する	どちらかといえば評価しない	全く評価しない	わからない
2024年5月	1.3	18.5	37.2	33.2	8.9
2023年9月	1.9	24.7	40.9	21.1	10.6

出所；日本農業新聞（2024年5月23日付）
注：同紙の農政モニター調査（2024年5月は農業者を中心とした同紙のモニター1,057人が対象、720人が回答。23年9月は992人が対象。640人が回答）

しかしそれでは、この国の農業も食料も守ることはできない。

表2-1、2-2には、2023年9月と24年5月にJAグループの機関紙である日本農業新聞が同紙の農政モニターに行った調査結果を示している。

表2-2　岸田内閣を支持するか

単位：%

	支持する	支持しない
2024年5月	26.9	72.6
2023年9月	44.5	54.4

出所、注；表2-1に同じ。

　岸田政権の農業政策の評価（**表2-1**）は、24年5月では「大いに評価」1.3％、「どちらかといえば評価」18.5％、「どちらかといえば評価しない」37.2％、「全く評価しない」33.2％、「分からない」8.9％。大別すれば、「評価する」19.8％、「評価しない」70.4％と、7割が評価していない。

　23年9月の調査結果では、「大いに評価」1.9％、「どちらかといえば評価」24.7％、「どちらかといえば評価しない」40.9％、「全く評価しない」21.1％、「分からない」10.6％。大別すれば、「評価する」26.6％、「評価しない」62.0％と、6割が評価していない。

　「全く評価しない」が12.1ポイントも増加しているなどからも、岸田農政の支持率は明らかに下落している。なお表にしていないが、農政で期待する政党については、両年とも自民党が最も多い。しかし、23年9月は46.9％だったものが、24年5月には36.4％で10.5ポイントも減少している。

　岸田内閣の支持について（**表2-2**）は、23年9月に54.4％だった不支持率

が、24年5月には72.6％と、18.2ポイントも増えている。

　JAの中核的な組合員である農業者における、岸田政権、岸田農政、そして自民党離れは明らかである。農業者のこのような意識の変化を読み取っていれば、手放しで改正基本法を礼賛し、前述したような決意表明はできないはず。変化を読み取っていないとすれば、職責を果たしていないと言わざるを得ない。

　農業協同組合に結集する組合員の意識の動きを正確に把握できない組織やその役員が、「適正な価格形成に向けた国民の理解醸成、さらには、国産農畜産物を選択する行動変容」を求めるとは笑止千万。

　国民からは、農業も食料も大切なのに、JAグループは本気でこの国の農業や食料を守ろうとはしていない。必死に守ろうとしているのは「御身と組織」と、見透かされるはず。

　そろそろ、JAの組合員は、当てにしてはならない組織に見切りを付け、自らの足元を見つめなおし、食料、農業、農村、そして農業協同組合の再興にむけて歩み始めねばならない。

　　　　　　　　　　　　　　　　　　　　　　　　　（小松　泰信）

3 酪農危機をどう突破するか
——四国最大の酪農基地・愛媛県西予市

衰退著しい都府県酪農

　わが国の生乳生産量の減少は1997年から始まっており、とくに都府県での生産減少が著しい。全国の生乳生産量は1996年の約870万 t をピークに減少を続け、2017年には728万 t にまで落ちている。その後は若干回復したものの、2022年度で762万 t にとどまっている。2022年度の牛乳・乳製品の国内需要量は1,221万 t であり、牛乳・乳製品の自給率（生乳換算ベース）は62％にまで落ちている。自給率のピークは1969年度の91％であった。

　こうしたなかで酪農経営および生乳生産量の減少がとくに激しいのが都府県酪農である（図3-1）。酪農戸数は2023年で北海道5,380戸、都府県7,240戸

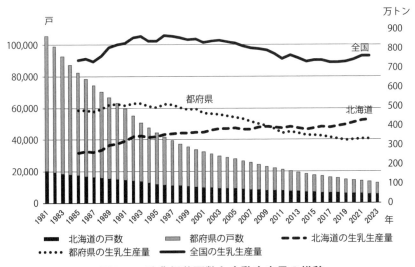

図3-1　酪農飼養戸数と生乳生産量の推移

資料：畜産統計および牛乳乳製品統計による。
注：都府県の生乳生産量は、全国の値から北海道の値を減じて求めた。

である。1981年と比較すれば、北海道は73.4％減、都府県は91.6％減と都府県は北海道より減少率が大きい。生乳生産量は2010年を境に北海道と都府県が逆転し、北海道ではまだ緩やかに伸びているものの、都府県は2022年度では331万 t と、ピーク時の516万 t （1993年度）よりも35.9％も減っている。

　酪農経営1戸当たりの経産牛飼養頭数は北海道、都府県ともに増加をつづけ、1頭当たり搾乳量も増えているが、生乳生産量はピークであった1996年を境に減少傾向にあり、経営規模の拡大や乳牛1頭当たり生産量の増加が酪農経営の減少をカバーするにはいたっていない。都府県での飲用乳向け生乳の不足を補うため、北海道から都府県への移出が増えているが、輸送コストの面では西日本への移出は難しいという[1]。今後も都府県での生産量減少が続けば西日本、とくに関西地方で生乳が足りなくなる事態も予想されており、都府県における安定的な生乳供給が求められている。しかし、それに向けた大きな足かせとなっているのが、2020年以来の新型コロナ禍による生乳の需要減退のもとで、2022年2月に始まるウクライナ戦争と、同年5月に32年ぶりという円安による飼料・資材価格の高騰、そのあおりを受けた肉用子牛販売価格の下落である。そして、それに農業政策をはじめとする既存の制度が十分に機能していないのである[1]。これらを背景に酪農の収益性が著しく悪化するなかで、酪農経営の離農が相次いでおり、「酪農危機」が叫ばれている。以下にみるように、飼料価格の高騰がとりわけ都府県酪農に深刻な影響を与えている。

飼料価格の高騰が経営危機に追い打ち

　都府県酪農は北海道と比べて搾乳牛1頭当たり全算入生産費（2022年度）で12万4,000円も高い。これは同生産費の6割近くを占める飼料費が、北海道より16万4,000円も高いことが大きく影響している。都府県の搾乳牛1頭当たり飼料費は62.9万円で、その内訳は流通飼料費が58.2万円（うち購入飼料費57.9万円）、牧草・放牧・採草費が4.6万円である。他方で北海道の飼料費は46.5万円で、その内訳は流通飼料費35.6万円（うち購入飼料費35.3万円）、

牧草・放牧・採草費が10.9万円である。都府県は飼料費の92.1％を購入飼料が占めているのに対し、北海道では76.1％にとどまる。牧草を自給することで粗飼料の購入費を抑えられる北海道に比べて、都府県の購入飼料費は6割以上も大きい。粗飼料を生産する農地が限られる都府県酪農にあって、飼料価格の高騰は死活問題なのである。

図3-2は2022年度までの配合飼料価格および輸入乾牧草価格の推移と酪農経営の購入飼料費、所得の変化をみたものである。配合飼料価格（乳用牛飼育用・バラ1ｔ）は2020年度の7万730円からわずか2年間で32.1％も上昇し、22年度には9万3,420円にまで達した。同期間に輸入乾牧草価格（1ｔ当たりCIF価格）は62.1％も値上がりし、2022年度に6万2,160円になっている。こうして北海道、都府県いずれも購入飼料費が増える一方であった。その結

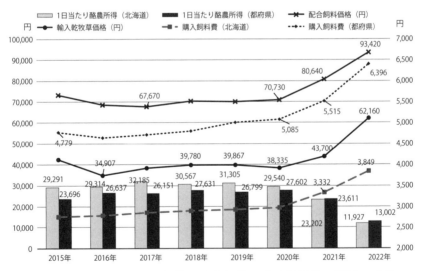

図3-2　飼料価格の推移と酪農経営の購入飼料費・所得の変化

資料：農業物価統計調査、貿易統計および畜産物生産費による。
注：1）配合飼料価格は乳用牛（飼育用）・バラ1tの全国平均販売価格である。
　　2）輸入乾牧草価格は1ｔ当たりのCIF価格である。
　　3）購入飼料費は実搾乳量100kg当たりである。

果、1日当たり酪農所得はわずか2年間で北海道は6割減、都府県でも半減となったのである。表出はしていないが、営農類型別経営統計で酪農経営（全農業経営体）の1経営体当たり所得を確認すると、2021年度の北海道平均の酪農経営の所得は873万円、都府県は同691万円であったが、配合飼料価格で2割近く、輸入乾牧草価格は4割以上も上昇した2022年度では、北海道の所得は131万円とかろうじて黒字であったが、都府県は140万円の赤字となってしまった。この時、都府県の所得を搾乳牛飼養頭数規模別にみると、飼養頭数50頭未満経営のみ黒字であるがわずか14万円であり、飼養頭数50〜100経営は18万円の赤字、飼養頭数100〜200経営は1,233万円にまで赤字が膨らみ、飼養頭数200頭以上のメガファームでさえ赤字は444万円となっている。

都府県酪農の中でも衰退の激しい四国酪農の実態
──愛媛県西予市の酪農経営

都府県では四国が酪農経営および乳用牛飼養頭数の減少率が高く、2023年の四国の乳用牛飼養経営体数は261経営にまで減少した。4,000戸を優に超えていた1981年から94.4％（都府県平均は90.9％減）の減少で、乳用牛飼養頭数も同期間に76.5％（都府県平均61.3％減）減少している。

ここでは、衰退傾向にある都府県酪農のなかでもとりわけ酪農経営の減少が著しい四国地域の中から、愛媛県西予市の酪農経営の実態を紹介する。西予市は四国4県の市町村のなかで最大の酪農産地で、酪農産出額（2022年）は15億9,000万円である。また、西予市の酪農産出額は愛媛県の酪農産出額の41.5％を占めている。

西予市では2011年に75戸あった酪農経営（愛媛県の酪農経営の46.3％）は、18年末には48戸、そして20年末には41戸、23年11月には36戸（愛媛県の酪農経営の43.9％）と、後継者のいない小規模経営を中心に、この数年で雪崩を打ったような離農をみせている。

西予市の酪農経営の中でも若手酪農家であるAさん（37歳）に聞いた（経

第Ⅰ部　日本農業の危機から逃げる「改正食料・農業・農村基本法」を乗り越える

表3-1　A経営の経営内容

労働力（人）と飼養管理（頭）		飼料生産（a）		売上高と推計所得（万円）	
家族労働力	3	経営耕地	450	生乳	2,950
経産牛	29	（借地）	360	乳仔牛	360
（搾乳牛）	27	水田	400	廃用牛	30
育成牛	11	畑	50	酪農所得	1,170
牛舎形式	フリーバーン繋留	飼料作付（延べ）	520	家族労働1人当たり所得	390
搾乳方式	パイプラインミルカー	飼料自給率	5割	今後の経営規模	現状維持

資料：聞き取り調査および令和3年畜産物生産費、家計調査報告2021年による。

注：酪農所得は、令和3年畜産物生産費（生乳生産費）の四国平均の搾乳牛1頭当たり所得43万3,238円を、A経営の搾乳牛頭数に乗じて求めた推計値である。

営内容は2021年12月当時のもの）。

　A経営の乳用牛飼養頭数は40頭で、うち経産牛29頭（搾乳牛は27頭）、育成牛11頭である（**表3-1**）。2021年度の都府県酪農1戸当たり乳用牛飼養頭数は64.8頭、愛媛県平均でも53.1頭であり、A経営は都府県や愛媛県の平均を下回っている。

　A経営はAさん夫婦とその子ども、60代の両親の7人家族である。Aさんは大学卒業後、東宇和農協の職員（畜産課勤務）となったが、もとより酪農を継ぐ予定であり、28歳で退職し自家農業を継いでいる。

　労働力は経営主であるAさんとその両親の3名である。家族労働力のみで常雇や臨時雇はないが、そのかわりに酪農ヘルパーを毎月、2人・日利用している（1人・日の利用料金は1万4,000円）。酪農ヘルパーを利用する日を休日としており、妻子と過ごす時間にあてている。酪農ヘルパー制度があることでなんとか休日が確保できているという。ただ、A経営は酪農ヘルパーを月に3人・日利用できる権利を有しているが、酪農ヘルパー利用組合の人員不足により、提供できる総利用回数が減らされたことで、A経営でも酪農ヘルパーを利用回数枠上限まで利用できていない。休日を確保するために酪農ヘルパーの利用回数を増やしたいというが、ヘルパー人員が少ないためそ

30

れは難しいとのことであった。

　経営耕地面積は450a（借地360a）で、水田400a，普通畑50aである。都府県酪農の１経営体当たり経営耕地面積（2021年）は9.1haであり、平均的酪農経営の半分以下の経営面積である[2]。小作料は高いところで２万円/10aするものもあるが、無料のところが多いという。地域農家の高齢化により借りてほしいと頼まれることが多くなったといい、新たに60aの借地が増えたとのことである。ただし労働力に余裕がないため管理作業に手が回らず、畦畔の草刈りは免除してもらっているという。

　水田30aには自家消費用の主食用米を作付け、残りの水田と畑で飼料を生産している。飼料生産はデントコーンとソルゴーで、飼料作付面積は延べ520aになる。４月中旬にデントコーンとソルゴーを混播し、７月下旬から８月上旬に収穫する。さらに11月前後には再生ソルゴーを収穫している。乳用牛飼養頭数１頭当たりの飼料作付面積は13aであり、都府県の乳用牛飼養頭数１頭当たり飼料作付面積11.7aをやや上回っている[3]。デントコーンとソルゴーの収穫はコントラクター組織に作業委託している。

　濃厚飼料の自給率は０％である一方、年間に使用する粗飼料の５割を自給している。購入している粗飼料はスーダンやアルファルファといった乾牧草で、乾牧草は乳量向上につながるとともに、繁殖力も高まるという。しかし、近年の飼料価格高騰をうけてWCS稲を地元の耕種農家から購入するようになっており、１ロール（300kg）3,000円のWCS稲を年間120ロール購入している。今後の飼料作については、現在の飼養頭数での酪農作業との兼ね合いでは現状が手一杯なので、作付けの拡大までは考えていない。

　なお、経営内で牛ふんを発酵堆肥にして自経営の農地に100％還元している。

　酪農部門は経産牛が29頭で、うち搾乳牛は27頭、後継育成牛は11頭である。乳牛はホルスタイン種である。牛舎はフリーバーン方式が１棟（100㎡）と繋留方式が１棟（200㎡）である。搾乳装置はパイプラインミルカー（４ユニット）で、搾乳は６時と17時の１日２回である。バルククーラーは容量

31

第Ⅰ部　日本農業の危機から逃げる「改正食料・農業・農村基本法」を乗り越える

800kgが1台である。

　生産物の販売は、酪農部門では生乳、乳仔牛および廃用牛で構成されている。2020年度の販売額は生乳245 tの販売が2,950万円、乳仔牛20頭の販売が360万円、廃用牛6頭の販売が30万円である。生乳価格の6〜7割がコストだという。

　試算した酪農部門の推計所得[4]は1,170万円であり、勤労者世帯の実収入[5]627万円よりも多く、家族労働1人当たり所得でみても390万円であり、勤労者1人当たり年間収入（413万円）に近い水準である。

　今後の酪農部門は現状維持だという。Aさんの年齢は若いが、牛舎の収容能力がほぼ限界で、資金もないことから牛舎等の更新を考えていないという。

　以上は2021年当時の状況であるが、これ以降も飼料価格の高騰が続いている。公開されている統計資料のうち最新である2022年のデータでA経営の所得を試算すると、酪農部門の推計所得[6]は583万円にまで下がり、これは勤労者世帯の実収入[7]642万円よりも60万円ほど少ない。家族労働1人当たり所得は194万円で、勤労者1人当たり年間収入（420万円）とは200万円以上の差が生まれている。家族3人で働いても勤労者世帯の収入に届かないレベルにまで下がっているのである。

　2023年1月にあらためてAさんに聞いた。「西予市の酪農経営は、労働力3人で365日働いて600万円残ればまだましな方だ」とのことであった。「それも、トウモロコシやデントコーンの栽培、地元西予市産のWCS稲の給餌など、配合飼料購入を必死に抑えての話だ。飼料の購入割合の高い農家の所得はもっと低く、離農している農家は、このままでは借金が膨らむとの危惧が大きかったからだ」という。酪農経営にとって、流通飼料費は酪農所得を決定する最も重要なファクターという中で、購入飼料費などの投入が大きいことが酪農の収益性が低い主な要因である[8][9]。現在の飼料価格の高騰により流通飼料費が増えていけば、酪農経営にとっては経営存続の危機となるのである。

32

求められる酪農対策

　A経営では乳牛飼養頭数規模は比較的小さいが、経営面積のほとんどに飼料を作付けており、経営内での粗飼料自給率は5割に達していた。さらに、粗飼料の経営内自給だけでなく、地域内農家からのWCS稲購入もみられ、それらが購入飼料費を抑えていた。ところが、乾牧草の輸入価格は、2022年1月の37円（1kg）が23年11月には70円70銭と1.9倍になった。配合飼料価格は40円台（1kg）が100円台の2.5倍になった。これに対して、農水省が「飼料価格高騰緊急対策事業」の「配合飼料価格高騰緊急特別対策」で22年度第3四半期に交付した補填価格は67.5円にとどまった。酪農家にとっては「焼け石に水だ」というのである。

　西予市を管内とする東宇和農協畜産振興センターの話では、西予市の酪農戸数36戸の搾乳牛頭数は平均37頭である。生乳価格が平均130円（1kg）に引き上げられた2023年の収支計算（月額）では、平均的酪農経営の生乳販売額が424万円に対し、飼料代など直接生産費が219万円で、これに電気代・水道代・育成牛預託代などの経費が150万円加わるため、その差額はわずか50万円だという。したがって西予市の平均的酪農経営でさえ年間経営所得は600万円にとどまるのである。

　農水省が「みどりの農業システム戦略」でめざす地域農業のオーガニック化を実現するには、有機肥料源の堆肥を供給する酪農・畜産経営の崩壊を放置できないはずである。今こそ求められるのは、飼料価格の高騰分を公費で全額補てんする緊急対策である。農協陣営には、これを政府に求める農政運動を強化することが切に望まれる。

注
（1）清水池義治「コロナ禍・生産資材高騰による酪農危機と農業政策の課題」『農業・農協問題研究』第81号、2023年、2〜3ページ。
（2）農林水産省「令和3年畜産物生産費」による。
（3）農林水産省「令和3年畜産統計」による。
（4）酪農部門の推計所得は、令和3年畜産物生産費（牛乳生産費）の四国平均の

第Ⅰ部　日本農業の危機から逃げる「改正食料・農業・農村基本法」を乗り越える

搾乳牛１頭当たり所得43万3,238円を搾乳牛頭数に乗じて求めた。

（５）総務省家計調査報告の2021年度の総世帯のうち、勤労者世帯の１ヶ月の実収入52万2,572円に12を乗じたものである。勤労者世帯当たりの有業人数は1.52人で、有業人数１人当たりの年間実収入は413万円となる。

（６）酪農部門の推計所得は、令和４年畜産物生産費（牛乳生産費）の四国平均の搾乳牛１頭当たり所得21万5,848円を搾乳牛頭数に乗じて求めた。

（７）総務省家計調査報告の2022年度の総世帯のうち、勤労者世帯の１ヶ月の実収入53万5,177円に12を乗じたものである。勤労者世帯当たりの有業人数は1.53人で、有業人数１人当たりの年間実収入は420万円となる。

（８）前田浩史「酪農乳業の課題と求められる取り組み―TPP大筋合意の影響に関する論点と国内対策の課題―」『フードシステム研究』第23巻２号、2016年、78〜79ページ。

（９）吉野宣彦「酪農経営の収益性格差と低投入酪農の可能性」『日本草地学会誌』64巻３号、2018年、201〜209ページ。

参考文献

１）　清水池義治「生乳生産量は維持できるか」『農業と経済』第81巻第10号、2015年、72〜79ページ。

２）　清水池義治「メガ経済連携協定（EPA）の現況と求められる酪農政策」『牧草と園芸』第68巻第１号、2020年、１〜６ページ。

３）　平田郁人「〈レポート〉農林水産業　減少が続く都府県の生乳生産量」『調査と情報』第76号、農林中金総合研究所、2020年、14〜15ページ。

（椿　真一）

4　農村の過疎化をどう食い止めるか

(1) オーガニック化と「FEC自給圏」づくりの一体化

「みどりの食料システム戦略」を活用する

　日本農業の今後のあり方が混迷しているわけではない。日本農業再生の方向と食料自給率向上に求められる方策ははっきりしている。まずは、水田農業の総合的展開による水田利用率のアップを通じて、農業生産力を引き上げることである。それは同時に、低農薬・低化学肥料・エコロジー水田農業への転換と一体的であるべきである。そして農山村が支配的な地域にあっては、その担い手は兼業高齢農家を含む多様な生産者であって、耕作放棄地を出さずに農地を守る定住者を確保する以外にない。

　地域農業の構造を耕畜連携に転換することが不可欠である。水田における飼料用米を初めとする飼料生産の拡大によって、輸入飼料依存の加工型畜産を本格的に地域の水田耕種農業と結合する畜産への構造転換を進める。農山村では水田における牧草栽培と放牧利用、さらに里山牧野利用を含めて、水田と里山の一体的利用の再生をめざす。

　そこで、活用できるのが「みどりの食料システム戦略」である。農水省は、2030年までに農林水産業のCO_2ゼロエミッション化を実現するという壮大な目標を掲げる「みどりの食料システム戦略」を打ち出した。「食料・農林水産業の生産力向上と持続性の両立をイノベーションで実現」するという。化学農薬の使用量を50％低減し、輸入原料や化石燃料を原料とした化学肥料の使用量を30％低減する。耕地面積に占める有機農業の取り組み面積の割合を25％（100万ha）に拡大するとした。これは安倍政権の規制改革会議・経産省主導の新自由主義農政とは一線を画するものとみてよかろう。

農業・農村の再生に「FEC自給圏」づくりを生かす

　高度成長下、全国の地方・農村に子会社や分工場を配置した製造業大企業

35

第Ⅰ部　日本農業の危機から逃げる「改正食料・農業・農村基本法」を乗り越える

は、グローバリゼーションのもとで、工場をより低賃金の中国や東南アジアに移し、国内雇用力を著しく後退させた。それが地方での人口減少の最大の要因となったのである。この現実に立ち向かうべきだと「FEC自給圏」づくりを提起したのが経済評論家の内橋克人氏であった。内橋氏は市場経済一辺倒からの脱却を訴え、人をだいじにする「共生経済」を提唱したことで知られる（残念ながら内橋氏は2021年9月に逝去された）。

　氏の主張は、「住民に雇用の場を提供し、定住できる条件が確保された地域社会には、新たな地域産業が必要である。21世紀の日本では、食料（food、F）、エネルギー（energy、E）、ケア（care、C、すなわち医療から介護、教育）で、新しい基幹産業を生みだす以外にないではないか」ということであった。

　私は、この内橋氏の遺言ともいうべき「FEC自給圏の形成」と、日本農業・農村再生に不可欠な水田農業の総合化と畜産の土地利用型への転換は一体的に展開できると考えている。2022年7月1日には、「みどりの食料システム法」（正式名称は「環境と調和のとれた食料システムの確立のための環境負荷低減事業活動の促進等に関する法律」）も施行された。残念ながら、この戦略は、現在の農業経営の危機的状況にふさわしい農家所得補償や経営安定対策を打ち出すにはいたっていない。しかし、みどりの食料システム戦略推進のために、農薬や化学肥料の低減に必要な機械や設備の整備、ペレット堆肥生産に必要な機械や施設の整備、水田を活用した自給飼料の生産拡大など、相当に幅広い分野で助成金を準備するとしている。

　さらに、この戦略を踏まえて有機農業に地域ぐるみで取り組むモデル産地を「オーガニックビレッジ」とし、その創出に取り組む市町村に対して「みどりの食料システム戦略推進交付金」で支援するとしている。ぜひともこの戦略が提示する助成金制度を活用したいものである。そこで、農協に期待されるのは、農業・農村の再生に「FEC自給圏」づくりを生かすという戦略である。

堆肥センターづくりがポイント

　畜産・酪農経営を地域農業に残すことの重要性を、自治体農政当局・農協は十分に理解していないのではないか。とくに酪農家族経営が経営危機に襲われ、急激に離農に追い込まれていることに対する危機感がなさすぎる。

　今こそ、自治体・農協は地域農業のなかで畜産・酪農経営の存在が、持続型農業の展開に果たす重要性を理解しなければならない。それを具体的な自治体農政に活かすことが、「オーガニックビレッジ」構想の活用で可能になる。すなわち、土づくり、有機農業の団地化、畜産環境対策を取り込むうえでポイントになるのが、家畜糞尿の処理を農家任せにするのではなく、自治体が農協とタイアップして堆肥センターを設置し、良質の堆肥を農地に撒布する畜産・酪農と耕種農業との連携をシステム化することにある。

　そこで、地域農業のオーガニック化と「FEC自給圏」づくりの一体化である。堆肥センターは、製造した堆肥の販売収益だけでは運営費を賄えないために、生産農家が持ち込む家畜糞尿に対する持込料（糞尿１㎥が500円というのが一般的）を徴収しているのが一般的である。これに対して、堆肥センターに「メタン発酵のバイオガス発電施設」を併設する、すなわち「FEC自給圏」のE（再生可能エネルギー）を取り込むことが考えられる。この場合、家畜糞尿は直接に堆肥化されるのではなく、糞尿の固液分離を行って、尿のみバイオガス発電施設のメタン原料とする。農業廃棄物、食品加工残渣、食堂・医療介護施設・一般家庭などの生ごみがメタン原料になる。バイオガス発電施設のガスエンジンで発生する余熱をパイプで堆肥センターの床暖房に利用することで、家畜糞は急速な乾燥が可能になる。バイオガス発電施設で生み出されて電力は売電ないし自給することで、家畜糞尿の有償買入れが可能になる。これは、畜産・酪農経営にとっては、家畜糞尿処理が楽になり、かつ糞尿が収入源になることで、大きな経営支援となる。このシステムを運営してきたのが、岩手県の小岩井農場の「バイオマスしずくいし」であることも紹介しておこう（**写真**）。さらに補足すれば、畜産経営とくに酪農経営が地域から消えてしまっている地域の農協は、近隣の畜産経営を抱える農協

第Ⅰ部　日本農業の危機から逃げる「改正食料・農業・農村基本法」を乗り越える

岩手県小岩井農場の「バイオマスしずくいし」

との連携（稲わらなど粗飼料と堆肥との交換）を地域農業振興戦略のなかに取り込むことが期待されるのである。

　地域農業のオーガニック化と「FEC自給圏」を結合する取り組みとして、耕作がむずかしくなった農地での営農型太陽光発電、すなわち「ソーラーシェアリング」が取り組まれてよい。とくにブルーベリーやブラックベリー、さらにブドウなど、市民にオーナーとして初期投資に出資してもらい、施肥・除草・せん定・収穫に参加してもらう観光農園が考えられる。これには、とくに子育て世代の市民の参加が期待される。出資者は「お客さん」ではなく、共同出資者になる労働者協同組合として法人化するのがよかろう。ソーラーシェアリング観光農園は、地域の魅力を高め、都市からの移住者を増やす契機になろう。都市に向けて、「ここで有機農業をやりませんか」と、積極的な新規就農者の募集とこれを結びつけることである。

　いまひとつ「FEC自給圏」のC（ケア）である。すなわち医療から介護、

教育までを含む広い意味での人間関係領域である。このケア部門で注目したいのは、「農福連携事業」である。労働者（市民）に期待されているのは、「農福連携事業」の農場・経営管理を担う人材になってほしいということである。教育の分野では、すでに農村各地で、学校教育の現場では小・中学校から高校まで、校区外・県外から、さまざまな理由で転校してきた児童・生徒の元気を回復させることに成功している。そうした児童・生徒に農業体験の機会を提供することに力を入れている農協青年部活動もある。

オーガニック産品の地域住民への提供

　地域で活躍してきた有機農業団体の多くの販売は、県外の都市住民への通信販売を中心とするものであり、地域住民にはその存在意義がそれほど知られてきてはいない。そこで、地域農業のオーガニック化でめざすべきは、地域住民へのオーガニック（有機）産品の本格的な提供である。まずは、小中学校給食のオーガニック化で、「子どもたちに安全な食を保証できる」ことが、地域の優位性であることを住民の合意にしていく。それを保育園・幼稚園、高等学校、さらに病院や高齢者施設、グループホームなど公共施設に広げることで、高齢者だけでなく子育て世代にも地域への転入を誘引する「魅力的な住環境」づくりにつなげていく。

　いま全国で「オーガニックビレッジ宣言」自治体が100におよぶという。それを農村の人口減少・過疎化を食い止める運動にするには、ぜひとも「FEC自給圏」づくりとの結合があるべきだ。「FEC自給圏」づくりを生かして農業・農村の再生をめざし、地域に新たな雇用機会を生み出そうではないか。農協は自治体を励まし連携して、地方・農村に活力をとりもどすことで、人口減少を食い止めようという戦略を持ってほしい。

（村田　武）

第Ⅰ部　日本農業の危機から逃げる「改正食料・農業・農村基本法」を乗り越える

（2）長崎県南島原市の「オーガニックビレッジ」づくり

農水省の有機農業推進モデル地区「オーガニックビレッジ」創出事業

　2021年に農林水産省から「みどりの食料システム戦略（以下、みどり戦略）」が発表された。気候変動対策の重要性が増すなかで、農業分野でも環境負荷を低減させようという国際的な動き（EUの「Farm to Fork戦略」、アメリカの「農業イノベーションアジェンダ」はいずれも2020年に公表）を受けたものとされている。「みどり戦略」では2050年を目標年度として、化学農薬使用量の50％低減、輸入原料・化石燃料原料の化学肥料使用量の30％低減、農林水産業のCO_2ゼロエミッション化など、14の目標が明示されている。そのなかに、有機農業の取組面積を耕地面積の25％（およそ100万ha）に拡大するとの目標がある。この有機農業取組面積の拡大を推進するために、農水省では2021（令和3）年度補正予算から「みどりの食料システム戦略推進総合対策（有機農業産地づくり推進事業）」を実施し、地域ぐるみで有機農業に取り組むモデル地区「オーガニックビレッジ」の創出を支援することとした。目標は全国で100か所であり、2024年2月までにすでに92市町村が採択されている。

　長崎県南島原市はこの事業にいち早く取り組んだ地域のひとつである。ここでは南島原市の「オーガニックビレッジ」構想づくりに参加を要請された筆者の「提言」を紹介したい。

南島原市で取り組まれてきた産直運動

　南島原市は長崎県島原半島に位置する。島原半島の耕地面積は長崎県全体の24％、2022年（令和4年）の農業算出額が710億円と同県全体の47.3％を占める農業地帯である。南島原市はこの島原半島の南側に位置し、耕地面積の65.0％を畑地が占める畑作地帯である。農業算出額では、野菜86億円（たまねぎ、イチゴ、トマトなど）、いも類43億円（ジャガイモ）、ブロイラー38億円、肉用牛24億円、生乳12億円、豚12億円（いずれも2021年）である。

40

4　農村の過疎化をどう食い止めるか

南島原市の位置

Map-It　マップイット　地図素材サイト
（https://map-it.azurewebsites.net/）

野菜、ジャガイモと畜産を中心とした産地となっている。

　タマネギ、ジャガイモ（かつては温州ミカンも加わる）の遠隔地産地として発展してきた当地では、1970年代から有機・特別栽培を基礎として産直運動が取り組まれてきた。その担い手であった農事組合法人 ながさき南部生産組合、株式会社 長有研、農事組合法人 供給センター長崎の3組織が、今回の南島原市オーガニックビレッジづくりを牽引している。いずれの組織も、設立されたのは1970年代後半から80年代前半で、化学肥料や化学合成農薬に頼らない有機栽培・特別栽培に取り組んできた。主力はタマネギとジャガイモで、関西や関東のより安全な農産物への関心が高い消費者グループや生協、自然食品店、スーパーへ販売をおこなってきた。有機・特別栽培の農産物として販売するためには、遠隔消費地との産直に取り組む必要があったからである。

　有機・特別栽培に必要な堆肥は当初は自ら作っていたが、JAS有機制度が整備されて（2001年）からは肥料会社が有機質肥料を取り扱うようになった

ため、肥料会社からの購入が増えた。購入される有機質肥料は、原料が島原半島内のものもあるが、他地域の肥料会社からの購入もある。

　JAS有機認証の取得も取り組まれていたが、2016年頃にタマネギのベト病の大発生で、有機栽培は大打撃を被った。これをきっかけに有機栽培の農家・面積は大きく減少しているのが現在の局面である。

畜産経営の状況と糞尿処理

　有機物質の地域内循環のカギとなる畜産、とくに酪農の状況は厳しいものであった。南島原市内に立地する二つの酪農協同組合では、いずれもこの10年で組合員が半分以下になった。現在酪農を続けているのは搾乳頭数で8頭〜80頭の19戸で、多くは牧草栽培もおこなっており、糞尿は牧草生産に利用されている。糞尿処理に苦労している農家も数戸あり、とくに規模拡大の阻害要因となっている。

　また、南島原市を事業領域にもつJA雲仙島原によると、南島原地域で50戸ほど肉牛繁殖経営があり、堆肥原料としての糞尿の供給を依頼すれば、半数ほどは応じるだろうとのことであった。

有機農業者がオーガニックビレッジ構想に寄せる期待

　JAS有機に取り組んでいる生産者が「オーガニックビレッジ」構想に期待することは、①地域に堆肥センターの設置（できればペレット堆肥の供給）、②堆肥散布機のリース事業、③有機農家向けの機械導入の補助、④栽培アドバイザーの配置、⑤JAS有機認証費用・書類作成の支援、⑥価格下落や資材高騰に対応できる所得補填制度、⑦有機圃場の団地化など多岐にわたる。注目したいのは地域住民、南島原市民に地元産の有機農産物を知ってもらい、食べてもらいたいということであった。とくに学校給食への供給には強い熱意がみられた。実際に産直組織から教育委員会などに複数回の働きかけをこれまでおこなっているが、実現していないとのことだった。「オーガニックビレッジ」への取組を通じて、地元産有機給食がいよいよ実現するのではな

いかとの期待が高まっていた。

南島原市の「オーガニックビレッジ」づくりへの提言

　以上のような状況を踏まえて、南島原オーガニック協議会に対して筆者らは以下のような提言をおこなった。

〈提言〉

　南島原市の有機農業産地づくりについて、「南島原市民の食と生命（いのち）を支える」とのコンセプトのもとに、以下の方針で施策を展開することを提言する。

１．地域資源循環型の有機農業産地の形成をめざして生産基盤の強化を図る

◇堆肥センターの設置と地域内への堆肥供給

　南島原市では産直組織が先進的に有機農業や特別栽培に取り組んできた。当初は野菜農家自らが堆肥生産をおこなっていたが、現在は市外から製品化された堆肥が調達されている。同時に市内に立地する畜産農家では、糞尿の堆肥化が取り組まれているものの、一部では処理に苦労している生産者も見られる。

　畜産と耕種農業が同時に展開してきた南島原市でめざすべきは有機質資源を地域内で循環させる有機農業の確立である。そのために、畜産からの糞尿を中心とした地域内の有機質資源を堆肥に加工し、地域内の野菜農家に供給できる堆肥センターの設置が不可欠である。

　堆肥センターは公設民営型で実施することが現実的で、今後の有機農法への加速度的な転換が期待できる。

　堆肥センターの資源循環機能をより高めるため、また堆肥センターの経営安定化のため、バイオガス発電設備の堆肥センターへの併設を検討する。

43

第Ⅰ部　日本農業の危機から逃げる「改正食料・農業・農村基本法」を乗り越える

◇有機圃場団地の造成

　JAS有機の認証取得のためには、隣接する農地で農薬の散布があればその農薬飛散を防ぐため、一定の緩衝地帯を設ける必要がある。比較的小さな圃場が分散している南島原市では、それがJAS有機圃場立地の大きな制約となっている。また、JAS有機生産者の中には圃場の分散が顕著な例も散見され、生産規模拡大を阻害している。これを克服するために、1か所数ヘクタール程度の有機圃場団地を市内に複数造成する。具体的には耕作放棄地などを圃場整備し、有機農業生産圃場としての売却、または利用権の設定が考えられる。

◇市の農業全体をオーガニックの方向へシフトする

——段階別目標の設定と栽培支援体制の構築

　南島原市ではこれまで産直組織やJAの一部の生産部会によって有機農業や特別栽培が取り組まれてきた。今後は市の農業を全体としてオーガニックの方向へシフトさせていくことを提案する。それは無農薬・無化学肥料の有機農法をおこなうことのみを指すのではなく、慣行農法の生産者が肥料を堆肥に切り替える、部分的な特別栽培への取り組みをおこなうことを含み、これらの活動を支援する。そのために段階別の目標設定とオーガニック栽培の技術支援をおこなう必要がある。

　技術支援とは、たとえば、土壌分析の結果の読み方や土壌分析結果を踏まえた有機質肥料の使い方、病害虫が発生した場合にオーガニック栽培として使用可能な資材の提案などが含まれる。

　また段階別目標とその達成を認識しやすくするため、南島原市オーガニックのロゴ・マークを作成・活用する。

◇生産者の認証取得・更新を支援する

　JAS有機や特別栽培の認証は毎年更新する必要があり、現在のJAS有機生産者はいずれも加入する産直組織から認証取得・更新について支援を受けている。認証の取得・更新について、より広く支援が受けられる施策が必要である。

2．市民の地元産有機農業生産物へのアクセスをひらく

◇有機給食の開始

　南島原市でJAS有機に取り組む農家全員の強い要望である。有機生産への意欲を喚起するためにも非常に有効だとの意見もあった。食育と組み合わせて南島原市の農業やオーガニックビレッジに対する市民からの理解を得る重要な機会となりえる。

　米飯給食への有機米提供についてはやや時間を要するため、まずは特別栽培米から徐々に提供を増やしつつ、最終的には有機栽培米の食材提供をめざす。すでに取り組みが実施されている先進自治体では、いずれも有機農産物を使うことによる食材の掛増し経費は市の負担となっており、南島原市でも同様の経費負担で実施を継続的に支援する必要がある。

◇「有機農業フェスティバル」の開催、地元直売所・直売市への有機農業コーナーの開設

　遠隔産地として発展してきた南島原市農業は、産直組織においても半島外遠隔地への販売が主となっており、市民による地元産有機農産物・特別栽培農産物の認知度は低く、入手方法も知られていない。地域の飲食店に市内産有機農産物・特別栽培農産物を用いた料理を提供してもらう「有機農業フェスティバル」の開催や直売所・直売市へ有機農業コーナーを設置する。市民や地域の飲食店に市内の有機農業への取り組みについて知ってもらう機会をつくるとともに、市民が実際に有機農産物・特別栽培農産物を購入できるルートを確保する。

◇南島原市オーガニックのロゴ・マークの幅広い活用

　南島原市独自のロゴ・マークを幅広く活用する。とくにJAS有機と同等の内容で栽培されているものについて、特別栽培と区別できる認証・マークを用意する。市内で有機食材を使用して提供している飲食店などへのロゴ・マーク掲示を推奨し、市民への「オーガニックビレッジ」への意識を高める。

３．オーガニックで地域経済を発展させる

　上の、市民の地元産有機農業生産物へのアクセスをひらく、有機農業フェスティバルの開催・地元直売所・直売市への有機農業コーナーの開設は地域経済の発展に寄与すると考えるが、それに加えて以下の取り組みが考えられる。

・特産品を有機化する

　すでに当地の特産品として定着しているものについて、原材料を地元産有機農産物に切り替えたものを開発し、新たな魅力を加える。

・オーガニック加工品の開発

　有機農産物の利用を広げるため加工品の開発を支援する。高度な加工品だけでなく、カット野菜などの一次的加工品も視野に入れる。

参考文献

佐藤加寿子・村田武・髙武孝充・椿真一「令和４年度　有機農業産地づくり推進事業　業務委託報告書　調査と提言『南島原市民の食と生命（いのち）を支える農業を目指して』2023年。

（佐藤　加寿子）

（3）愛媛県西予市の「百姓百品グループ」──地域の底辺を支える

1）はじめに

　農村は、農業生産や生活の場であると同時に、自然環境の保全等の多様な役割を担っている。しかしながら、過疎化・高齢化が進み、それらの役割を十分に果たせなくなりつつある。こうした現状を打破し、農村を活性化することが重要な課題となっている。それには、農家と非農家を含む地域住民、協同組合、企業等の多様な主体が連携して、農業生産活動の促進、農地など地域資源の保全、雇用創出、定住促進の活動など農村活性化を図る取組みが期待されている。

　西予市野村町は、愛媛県の南西部に位置し、町全体が四国山脈に囲まれている。かつては酪農と養蚕で栄え「ミルクとシルクのまち」が町のキャッチフレーズであった。

　酪農は愛媛県の酪農経営の半数を数え、四国最大の酪農産地として知られてきた。しかし、近年の酪農をめぐる情勢はきわめて深刻であって、100戸を優に数えていた酪農経営数は2011年の75戸から、18年末には48戸、そして20年末には41戸、23年11月には36戸へと急減し、後継者のない小規模経営を中心に、この数年の雪崩を打っての離農である。とくにロシアのウクライナ侵攻にともなう飼料・資材の高騰に対する政府の対応策がきわめて不十分であることが、酪農経営に与えている打撃については、椿真一氏が本書Ⅰ・3で論じているとおりである。高級「伊予絹」の産地であった養蚕は、現在では数戸の養蚕農家を残すのみになった。

　養蚕衰退後は、野菜や葉たばこをつくる農家が一時増加したものの、過疎化・高齢化が押し寄せ、今は人口減少が進む典型的な中山間地の農村である。農用地の多くが谷間や高台に散在しており、耕種経営の1戸当たり平均経営面積は1ha未満の零細経営が主体である。こうしたなかで担い手不足と高齢化が並進し、野菜の農協出荷をリタイアせざるをえない農家も増えた。

第Ⅰ部　日本農業の危機から逃げる「改正食料・農業・農村基本法」を乗り越える

　農協を通じての農産物の販売は、通常、農業者が一定の品質基準に適合した農産物を生産し、それらを農協の集荷場で、定められた規格別に選別したうえで、都市部の卸売市場に出荷するというものである。こうした方式は、規格化された農産物を大量に消費地で販売することが想定されている。野村町の場合、生産者の減少と高齢化が進むなかで、生産量が減るばかりでなく、品質基準が厳しい農産物生産が困難となっていった。

２）「百姓百品グループ」の誕生

　こうしたなかで高齢・零細生産者の規格外・小規模出荷に即した販売が求められ、それに対応した農民的販売組織として設立されたのが「百姓百品」である。

　百姓百品は、任意団体による地元での産直運動から始まった。その後、この運動に共感した「生協コープえひめ」との連携が進み、販路を県都松山市（人口51万人）に拡大した。一定の成果を上げた段階で、組織を株式会社に再編している。次いで、生産者の減少を見込み、自ら農業を行う農業生産法人を立ち上げた。この法人は、中山間地域の耕作放棄地を集約しながら、加工・業務用青ネギの栽培を拡大していった。青ネギ作は、収穫後の調製作業を含め労働集約的な営農方式をとることから、労働力確保を兼ねて、百姓百品は障害者福祉施設である就労継続支援B型事業所を立ち上げている。障害者施設が、農業生産法人の農作業を請け負う方式で、障害者に就労機会が提供される。

　このように百姓百品グループは、農産物直売の取組みに始まり、次に農業生産法人を設置して農業生産事業を加え、さらに障害者福祉事業に参入することで農業生産との連携を図るといった一連の活動を行っている。同グループは、地域を活性化に向け自発的かつ多様な取り組みを実施している組織といえる。その30年以上にもわたる活動経過の概略は**図1**に示したとおりである。以下、「百姓百品グループ」の活動経過を事業別にみていくことにしょう。

48

4 農村の過疎化をどう食い止めるか

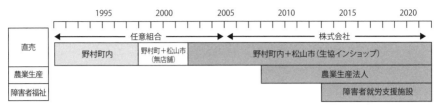

図1　百姓百品グループの活動経緯

3）百姓百品グループの活動をたどる
①直売の経緯と生産者組織
直売の経緯

　野村町では、百姓百品が登場する前から産直運動のひとつとして同町内に「健康な仲間を作る会」が存在していた。それは有機栽培野菜を青空市で販売するものであり、消費者からの支持を受けていたものの、出荷農家はごく一部に限定されていた。1990年代前半に産直運動が脚光を浴び、それと連動して「地域おこし」や「村おこし」といった活動が全国的展開をみせるなか、野村町でも1991年に公民館を基礎とする産直組織「村おこし部会」が結成された。これが百姓百品の前身となる。

　公民館活動は、本来、地域における身近な学習拠点として社会教育を担うものであり、交流の場としての役割をはたしている。野村町の場合、こうした一般的な機能ばかりでなく、学びを通じて地域づくりの中核的な役割をはたす専門人材の育成を図りつつ、地域づくりの実践的な活動に踏み込んでいる点が、際立った特徴となっている。

　村おこし部会のリーダーは、野村町役場の公民館館長であった和氣數男氏である。同氏は、現在でも百姓百品グループの代表である。和氣氏によれば、村おこしにはさまざまな取組みがあるが、都市と農村との関係が継続的に根づくには、「産直による交流」がキーワードであるという。そこで、まず町内において産直活動を行った。しかし、村おこしとしての成果にはつながらなかった。その原因には都市との距離があると考え、1998年に試験的に県都

第Ⅰ部　日本農業の危機から逃げる「改正食料・農業・農村基本法」を乗り越える

である松山市で販売を試みたところ、週に一度の販売であったが、消費者の反応が良好であった。

野村町は松山市から直線距離で60kmほどに位置しているが、山間部を縫う道路事情のためトラック輸送に2時間を要する。これに野村町内での集荷、積み替え時間を加えると3時間を超える時間が必要となる。トラックは早朝6時に野村町を出発する。このため、直売を行う機動的な販売組織が必要であった。1998年に町から400万円の助成金を得て、輸送車両等を導入したことで、生産者組合「野村町百姓百品産直組合」が設立され、これを機に松山市での産直活動が本格化することとなった。

生産者組合の目的は、次の4点からなる。第1は、産直の利点である規格外品の出荷を行うことで高齢・零細生産者の所得確保をめざす。第2は、身体を動かして所得を得ることで、生きがいと同時に健康維持を図る。第3は、消費者の客観的な評価を得つつ、都市との交流を促進する。第4は、産直に求められる安全な生産を行いながら経営感覚の醸成を図る、である。

2002年には、松山市に拠点をおく「生協コープえひめ」との連携が持ち上がり、生協店舗インショップ型の販売へ移行した。さらに2004年の町村合併により野村町は西予市の一部となった。新設された西予市は、2005年に「乙亥（おとい）の里」と称する温泉と体育館と商業施設の複合施設を建設した。それにともなって百姓百品の本部と常設店舗もそこに移動した。

その後、売上げの増加もあり、2006年には生産者組織をそれまでの任意組合から株式会社へと転換した。

野菜など農産物だけでなく、総菜やばら寿司、加工品の製造業者の参加も可能にし、百姓百品を地元住民一体の組織として再編成する試みであった。組織が任意組合であった2000年には200名ほどであった農産物出荷者は2010年代には500名近くまで増加し、2024年4月現在では437名になっている。出荷先も松山市内の生協ショップ3店舗、野村町に隣接する西予市宇和町のスーパー1店舗へと拡大している。

50

生産者および生産者組織

直売を行う組織、「百姓百品株式会社」の会員（株主）となるためには、1株3,000円の株式出資と毎年2,000円の会費を払うという比較的簡易な参加条件である。

生産者は、どの店舗に、どの程度、いくらで出荷するのかを自ら決める。産直として品質や価格に自己責任が課されている。生産者は、販売額の22%を手数料として支払うが、そのうち12%が百姓百品、10%が生協・野村町内のスーパーの手数料である。生産者の間では、チラシやメール配信のほか、町内15ヶ所の地区で懇談会などを開くことで、販売方法や栽培方法への工夫などの情報交換が行われる。こうした点で生産者組織としての活動は盛んである。これに加えて、各出荷店舗で行われる夏祭り等のイベントへの参加、消費者に野村町に来てもらって実施する茶摘みやトウモロコシ収穫体験事業の企画・実施、その他地域内での交流も積極的に行っている。

直売の売上額は、株式会社となった翌年の2007年に2.2億となり2億円を超えた。2011年に2.5億、2019年には2.2億円、最近年の2023年度は2億3,470万円になっている。このように伸び悩みになっているのは、生産者会員の減少と高齢化とがある。このことが、後に紹介する農業生産法人の設立の背景になっている。

さて、生産者会員475名のうち、販売金額規模別では50万円未満が372名で78.3%を占めるが、50〜100万円が56名で11.8%、100万円以上が47名で9.9%である。50万円未満の小規模販売者が大半であるのは、5a、10aといった畑で野菜を作っている会員が多数だからである。したがって、多くの生産者は、国民年金を補完する所得機会ととらえている。高齢者による直売事業という性格が強いことから、こうした構成になるのであるが、年金暮らしをしている高齢者にとって、直売事業による付加的な所得獲得の意味は実は大きいのである。不十分な年金を補完し、孫に小遣いをやることができるのが、生きがいにつながっているという。

ちなみに、65歳以上の生産者会員が占める割合は1998年には39%であった

第Ⅰ部　日本農業の危機から逃げる「改正食料・農業・農村基本法」を乗り越える

が、2017年には79％（75歳以上では43％）にまで増加しており、ますます高齢者よる組織としての性格を強めている。

　直売組織のスタッフ

　この販売組織の職員は本部職員のほか、生協ショップの売場担当パート職員からなる。

　本部では、株式会社に移行した2006年以降、若手社員を雇用している。事業規模の拡大が専門技能をもった職員の雇用を可能とし、それがさらに事業規模の拡大をもたらしている。情報技術を駆使し、事業企画、営業活動が円滑に行われることになった。20歳代女性（２名）と30歳代男性（１名）の若手社員を中心に、次のような改善が行われた。

　まず、それまで異なる様式だった価格データ表示を生協ショップのバーコード規格と統一化させた。また、コンピューターを使い出荷者の生産履歴と販売実績を管理するシステムの構築も行った。さらに、携帯端末（タブレット）を活用し、顧客のクレーム内容を本部と生協店舗に配置しているパート職員とで共有することも行っている。生産者会員である出荷者に向けては、10日ごとのチラシ配布、２日ごとのメール配信で積極的な情報発信を行っている、等である。

　一方で、生協ショップの売場担当パート職員（各店舗、２名が常駐）は、松山市在住の40歳代女性が中心で野村町出身者が多い。主な業務は、商品の陳列と説明、本部との連絡である。パート職員は、消費者と積極的なコミュニケーションを図っている。

　リピーターとなっている消費者から商品の説明や注文を求められることも多い。たとえば、出荷品の中には都市部では目にすることの少ない野菜も多く、どのように調理すればよいか、また気に入った加工食品を買いたいが次の出荷予定はいつか、などである。また、腐敗・カビ・異物混入等のクレーム対応が重要である。クレーム処理は本部や生産者への電話連絡によって行っている。通常のスーパーにみられる返品処理と違い、クレーム処理を機

52

に生産者と消費者双方のコミュニケーションが深まったりする。そんなことも百姓百品出荷商品の魅力向上つながっている。

生協との関係

売り場を提供している生協との関係をみておこう。生活協同組合「コープえひめ」は松山市内に5店舗を展開しており、そのうち束本店、余戸店、三津店の3店舗が百姓百品の販売コーナーを設けている。

コープえひめ最大の店舗は束本店である。百姓百品が最初に出荷したのが同店であり、出荷量も最大である。コープえひめは、スーパーと異なり消費者を組合員とする生活協同組合であることから、地元産品や食の安心・安全を指向する消費者が多い。こうした事情から、市内近隣で無店舗販売していた百姓百品に対して、インショップ販売の提案を行ったのである。

束本店における百姓百品の売場は青果物コーナーの一角にある。売場面積は32㎡と広い訳ではないが、同店の野菜の売上金額の6割を占めるという。開店から2時間ほどで大半が売れてしまう人気コーナーとなっている。販売の中心である野菜は産地直売で新鮮であり、他のスーパーと比べて価格が安いことが消費者にアピールしている。漬物、菓子類、ばら寿司、惣菜といった商品も、手作り感が受け入れられている。

百姓百品が束本店に売り場を設けたのが2002年であるが、こうした集客効果がみられたことから、2005年には余戸店、2009年には三津店にも売り場が設置されることになった。3店舗へのインショップ展開となった2009年の百姓百品コーナーの販売額は合計1億9,810万円になった。生協側にとっても、他のスーパー等との差別化を図るうえで、生産者直売コーナーの役割が重要なのである。

インショップ型産直を行う場合、スーパー等では通常15％程度の出荷手数料を徴収している。えひめ生協の場合、百姓百品からは10％と低い手数料を受け取っている。売り場担当パート職員を百姓百品が雇用しているという事情もあるが、百姓百品の売り場面積当たり売上額が高いという実態も見逃せ

第Ⅰ部　日本農業の危機から逃げる「改正食料・農業・農村基本法」を乗り越える

写真1　松山市内の生協（束本店）のインショップ

ない。百姓百品の1㎡当たり売上額は300万円以上であると推計されるが、食料品スーパーのそれは93万円（2004年「商業統計調査」、全国平均）である。小売業者のマージン率は30％程度とされるから、この売上げ効率を勘案すれば、10％でも十分な手数料収入といえる。

　生協は、市民生活の質的向上という社会運動を担っており、生産者との連携にも配慮した活動を行っている。こうした観点から、高齢・零細生産者が多数を占める百姓百品の生産者の負担を軽減する取組みを行っている。たとえば、生協の青果物担当者は、百姓百品の野菜出荷が適量を超えることが予想される場合は、その旨、百姓百品側に連絡するとともに、卸売市場からの仕入量を抑えている。また、価格設定についても、生協での市場仕入品の販売価格を通知することで、百姓百品側が過度な安売りとならないように誘導している。クレーム（1日に1、2件という）対応についても生協店舗の果たす役割は小さくない。百姓百品が雇用しているパート職員は、午後1時までの勤務であるが、クレームは消費者が調理をする夕方に寄せられることが

多い。その場合、クレーム対応は各店舗の店長があたっている。

②農業生産事業と障害者福祉事業

直売に参加している百姓百品の会員農家の高齢化が進むなかで、地域の農業生産を維持することがしだいに困難になることが予想された。このため、百姓百品自体が、農業生産を行う組織を立ち上げることになった。これが、農業生産法人「株式会社百姓百品村」（2008年設立）である。

当初は、農業生産法人の設立によって直売参加農家の生産減少を補うことを考えていた。しかし、百姓百品の直売向けの生産・流通システムは、多数の農家が多品目少量生産を実施し、それらを消費者に届けるというものである。これに対して、通常、想定される農業生産法人は、機械化営農と集荷選別施設とを組み合わせた大規模で効率的な農業経営、すなわち、特定の品目の大規模専作経営を行い、安定的な販売先を自ら開拓するといった対応を指向する。

また、野村町では、これも多くの中山間地域でそうであるように、農地を農地として維持することが困難になり、しだいに耕作放棄地が増加する状況となっていった。農業生産法人の設立の背景には、耕作放棄地の解消も視野に置かれていた。そこで、耕作放棄地を借り上げて、農業生産法人「百姓百品村」が営農することを考えれば、やはり、特定の品目の大規模専作経営ということになった。

栽培品目の選定および販路の開拓には、本部の若いスタッフが関わっている。近年、食料品は、外食・内食での消費が増加している。こうした業務用需要に応えるためには、その用途に適合した一定規格の農産物の周年を通して、定量、定価で供給することが求められている。こうした状況のもとで、この組織が選択した品目は青ネギであった。薬味として多様な用途に使える青ネギは、外食産業を中心に業務用需要の増加が見込まれたが、愛媛県およびその近県には有力な産地が形成されていなかったからである。若手スタッフが、県内だけでなく首都圏での商談に積極的に売り込みを行って青ネギの

第Ⅰ部　日本農業の危機から逃げる「改正食料・農業・農村基本法」を乗り越える

写真2　障害者も参加する青ネギ出荷作業

販路開拓を行った。販路は異なるとはいえ、産直で培った営業活動のノウハウが業務用需要の開拓にも生かされたのである。

2013年まで青ネギの売り上げは2,000万円前後であった。直売の実績があることから地域の信頼があり、その後も農地を任せたいという農家が増加したことから青ネギ生産は規模拡大へと向かった。

販路開拓が進むと、そのニーズに応えるためには、栽培面積の拡大が必要となった。青ネギの栽培自体は、機械化による拡大が比較的容易であるが、雑草除草、収穫と収穫後の選別・調製には手作業部分が多く、労働力の確保が規模拡大の隘路となった。新たな労働力の確保は容易ではなかったが、地域には高齢者だけでなく、就労機会に恵まれていない障害者がいる。

もともと、百姓百品では農業生産法人とは別に、地域福祉活動の一環として、小規模ではあるが障害者就労支援施設「野村福祉園」を開設していた。そこに通っていた障害者の家族が、障害者の心身の健康維持のため農作業が

有効ではないかと提案した。そこで障害者に農作業を経験させたところ、根気よく、ていていな作業を行ってくれた。そうしたことが契機となって、農業生産法人での農作業に障害者が出向くことになった。

こうして、野村福祉園は、農業生産法人である百姓百品村の作業を請け負うことになった。野村福祉園では、障害者の就労の場が確保でき、百姓百品村では規模拡大が可能となった。それぞれ2015年の実績で、障害者29人が農業生産法人で働き、青ネギの売上額は3,800万円になった。

障害者たちは、農業生産法人の社員の指示のもと農地に出向いてネギの栽培作業を行うほか、集荷場での選別・調製作業を担当している。

注目すべきは、こうした作業で得られる障害者の報酬が月額4万円を超える高い水準にあることである。障害者B型就労支援施設は障害者自立支援法に基づいて、障害者に就労機会を提供する目的で設置された事業所である。事業所の施設運営費および職員人件費については、国からの補助金が支給される。障害者の就労に対して報酬が支払われるが、その金額は、それぞれ実施される就労支援事業の経営収支状況によって異なる。通常、その水準は全国平均で月額1.5万円程度と低額である。農業生産法人として百姓百品村は、適切な経営マネジメントを行っていることで、障害者の就労機会の確保ばかりでなく、高い報酬水準を実現させているのである。

その後も青ネギ生産は拡大が続いている。2024年現在では150戸ほどの農家から借り上げた農地8haで青ネギ生産が行われ、青ネギ栽培・出荷調整は7名の職員と40名の障害者の共同作業である。耕作放棄地の借り上げと並行して、地域の農家が作った青ネギを買い上げることにしたところ、11戸3ha分の青ネギが集まった。契約農家には10a当たり70万円が支払われている。この分をあわせての売上額は1.3億円に達している。このような形で、地域農業振興と障害者福祉とを両立させている百姓百品グループの取組みは、今後とも注目していく必要があろう。

第Ⅰ部　日本農業の危機から逃げる「改正食料・農業・農村基本法」を乗り越える

おわりに

　以上、百姓百品グループは、農業生産を基本とした地域活性化の取組みを、地域内外の種々の組織と連携しながら実施している。錯綜した組織間の関係を図示すれば、図2のようになる。

　図の破線内は、野村町内での百姓百品グループ内の関係、線外は町外との関係を示している。これでわかるように、それぞれの組織が連携して活動することで、地域の活性化が図られており、それぞれの部門が雇用を生み出していることがわかる。

　百姓百品グループは、まず、農業生産の継続が困難となりつつあった高齢農家が無理なく参加できる産直組織を作った。次に、農業生産をやめる農家が出てくると、その農地を借り上げて自ら農業生産を行い、不足する労働力は地域の障害者を活用するシステムを作り上げた。こうした状況変化に対応した活動を行うことで、息の長い地域活性化が実現されている。また、こうした活動は、図2に示したように、地域内で完結するものではなく、都市部

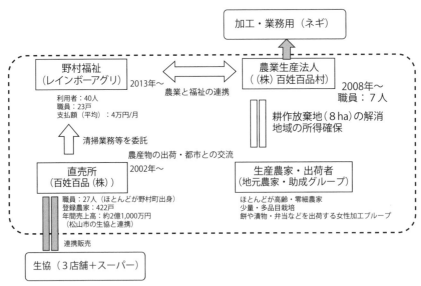

図2　百姓百品グループの関係図

を中心とする外部との連携も重要であった。

　ところで、百姓百品の有能な若手職員は県外出身者が少なくない。2024年度百姓百品株式会社の株主総会で代表取締役に就任したのは、地元野村町生まれの福井美咲さんであるが、「野村福祉園」と農業生産法人「百姓百品村」の代表取締役に就任した井上桃子さんは、北海道旭川市出身である。彼女は西予市に地域おこし協力隊員として採用されての3年間の活動の後に、現在は百姓百品グループの会長に退いている和氣數男氏に求められて、百姓百品グループに就職し、西予市に留まることを決断された。百姓百品グループが、これまでの25年間の活動で築いてきた地域活性化事業を、次の四半世紀に向けてどう展開していくか。福井さん、井上さんはともに、まだ30歳代の若手である。新たな地域活性化のモデルとなりうる取組みの開発に期待したいところである。

（山藤　篤）

第Ⅱ部

決起する諸外国の農民運動
——闘うビア・カンペシーナ加盟農民組合

1　決起するドイツの農民

（1）ベルリン中心部でドイツ農民の大規模トラクターデモ

　ドイツでは2024年の新年早々、連邦政府の農業補助金の削減計画に抗議する農業関係者の大規模なトラクターデモが、首都ベルリン中心部を初め、多くの都市の主要道路を封鎖し、全国で蜂の巣をつついたような騒ぎになった。1月15日には全国で1万人が5,000台ものトラクターデモを決行したからである。

　社会民主党を中心とする連立与党3党のシュルツ政権は、2024年度予算で「農業生産者向けのディーゼル燃料補助の打ち切り」をめざしたものの、農業者の反発が強いと判断して、補助金の打ち切りではなく、今年は40％、来年さらに30％縮小したうえで、26年に終了する方針を打ち出した。これに対して、段階的であっても補助金打ち切りはけしからんとする大抗議運動が、昨年12月に始まり、新年1月8日からは1週間にわたって、ドイツ最大の農業者団体「ドイツ農業者同盟」（DBV）などが呼び掛けての全国でのトラクター抗議デモになったのである。

農用ディーゼル燃料の補助金

　このディーゼル燃料補助とは、一般ディーゼル燃料にかかる税が1リットル47セント（1ユーロを160円とすると75円）であるのを、農用については21.5セント減税し、25.5セント（41円）とするものである。ちなみに、この農用ディーゼル燃料税の減税は、わが国の農用軽油引取税（1リットル当たり32.1円）の免税に相当する。

　ドイツを含むEU諸国の国内農業者にたいする補助金は、EUの共通農業政策（CAP）財政からの直接支払いが中心である。ドイツの農業者がこのCAP財政から受け取る直接支払いは年間約430億ユーロ（2兆6,900億円）に

のぼる。これに対して、ドイツ政府の国内農業者にたいする補助金は2024年で総額23億6,000万ユーロ（3,780億円）である。このうち減税分が9億2,500万ユーロ（39.2％）を占め、農用輸送自動車税の減税が4億8,500万ユーロ、農用ディーゼル燃料税の減税には4億4,000万ユーロ（704億円）が予算化されている。農用ディーゼル燃料減税が政府からの補助金に占める割合は18.6％を占め、けっして小さくない。なお、シュルツ政権は2024年度予算では、前者の農用輸送自動車税の減税については継続するとしている。

　この農用ディーゼル燃料減税は農業経営平均では年間約3,000ユーロとされている。専業経営のCAPの直接支払いなど補助金を含めての平均純収益は5万5,000ユーロ（880万円）、小規模経営では2万5,000ユーロ（400万円）にすぎないので、農用ディーゼル燃料減税が打ち切られることの経営への打撃はたいへん大きいのである。農業者がまなじりを決して抗議運動に立ち上がったことがよくわかる。

　なお、この「ドイツ農業者同盟」を中心とする農用ディーゼル燃料減税打ち切り反対に対しては、非主流の農業者団体を代表する「農民が主体の農業のための行動連盟」（AbL）が、以下のような対案を提示しているので紹介する。

　「温室効果ガスの削減目標を実現していくうえで、ディーゼル燃料の使用を減らしていくことは避けがたい。AbLは政府の段階的減税の縮小を支持する。しかしコスト面で不利になることが多い年間使用量が1万リットル未満の中小農民経営については、再生可能燃料の導入が可能になるであろう2028年までは減税を継続すべきである。」

最低賃金の引き上げは労働者が闘いとる

　ドイツの法定最低賃金は、2024年1月から12.41ユーロ（1,986円）、25年1月からは12.82ユーロ（2,051円）に引き上げられる。しかしこの0.41ユーロ、すなわち3.3％の引き上げでは、現在のインフレ率（22年では6.9％、23年では6％）を吸収できず、困窮者が増えると危惧されている。ドイツ最低賃金

第Ⅱ部　決起する諸外国の農民運動

委員会で労働組合側を代表するドイツ労働総同盟（DGB）は声明で、最低限の労働者保護を確保し、インフレ上昇分を補う最低賃金を13.50ユーロ（2,160円）に引き上げるべきだと主張している。これは、EUの最低賃金指令案では、適切な最低賃金額の目安を賃金中央値の60％としており、「ドイツでは13.50ユーロ」になるとされるからである。なお、ドイツでは業種ごとの労働協約によって業種別最低賃金が決められている。その金額は法定最低賃金を下回ることはできない。だからこそ産業別労働組合はストライキを辞さず、賃金・労働条件の引き上げをめざして闘っている。今回の農業陣営の農用ディーゼル燃料減税の打ち切りを許さないとして主要道路をトラクターで長時間封鎖する闘いに対しても、一般市民の反発がみられないのは、政府や財界に対する要求・抗議は、ストライキも、街頭に出るのも当たり前だとする国民世論あってこそである。

国連の「農民の権利宣言」を武器に

国連の「農民の権利宣言」（2018年12月17日の第73回総会で採択、正式には「農民と農村住民の権利宣言」）を武器にして、農民の老齢年金の引き上げを求める運動がドイツにあることを紹介しよう。

バーデン・ヴュルテンベルク州の小さな町シュベービッシュ・ハルで「農民生産者共同体」を名乗る養豚家族経営を組合員とする協同組合型の畜産加工販売組織は、「『農民の権利宣言』の国連での採択を求める国際農民大会」を2017年3月に、世界各国から450名の参加者を集めて開催している。私にも招待状が来たが、残念ながら出席できなかった。その理事長であるルドルフ・ビューラー氏は、連邦議会に対して農民の老齢年金の引き上げを求める「請願」（2017年2月）を行っている。以下は、その要約である。

「勤労者の老齢年金は月額平均1,050ユーロ（16万8,000円）である。農民のそれは460ユーロ（7万3,600円）に抑えられている。農産物価格低迷によって農業経営所得は大きく低下している。そのために農業後継者は農場資産の相続に際して、まともな代価を払えなくなっており、引退した農民高齢者の

1　決起するドイツの農民

写真　トラクターデモ

貧困が大きな社会問題になっている（ドイツでは農場の相続は有償）。隣国オーストリアでは、農民老齢年金は1,030ユーロに引き上げられている。都市と農村で同等の生活条件が得られるべきだとする基本的権利にもとづいて、農民の老齢年金の大幅引き上げを求める。」

　最後に一言。わが国最大の労働組合ナショナルセンターの「日本労働組合総連合（「連合」）は、本気になって格差社会打破と賃上げ闘争を闘うことをせず、最低賃金の引上げも政府におねだりするごとき無残な状態である。労働陣営のバックアップなしに、日本農業の危機的状態の打破が求められる。というのも、国民の貧困化に抗い、賃上げ闘争に勝利する労働運動があってこそ、生産費の上昇にふさわしい農産物価格を獲得でき、日本農業の危機突破の道は拓けるからである。農協グループには覚悟が求められていると思うが、いかがであろうか。

(2) ドイツの中小農民団体が抜本的な農政転換を求める署名運動

　ドイツの農業者の運動団体は、主流の「ドイツ農業者同盟」（DBV）とともに、中小農家の利益を代表し、国際農民運動団体ビア・カンペシーナに加盟する「農民が主体の農業のための行動連盟」（AbL）が活発な運動を展開している。そのAbLがこの年明けより「農業政策の抜本的な転換を——より農民主体、公正、エロコロジーに！」と題する、オラフ・ショルツ首相、セム・エズデミル農業大臣、クリスチャン・リントナー財務大臣宛の10万人請

第Ⅱ部　決起する諸外国の農民運動

写真　AbL署名運動

願署名運動を進めている。インターネット情報では5月末現在で9万2,000筆が集まっている。以下は、署名運動の趣旨説明である。

「より農民主体、公正、エコロジーに！」
　私たち農民の多くは現在、トラクターを持って街頭に出ている。抗議行動のきっかけは、農業用ディーゼル燃料税の割引が廃止されることになったことだった。政府が予定していた割引廃止は部分的に中止されたものの抗議は続いている。というのも、農民の多くの憤りはもっと深いところにあって、農政の官僚主義や経済的展望のなさ、歯止めがきかない農家の離農、生物種や気候の保護などでは成果の乏しさに直面しているからである。
　連邦政府は今、多くの農家が感じている不満の根本原因に取り組むべきである。そのために必要な農業対策をわれわれは、以下の6項目からなるプランにまとめた。ショルツ首相、エズデミル農相、リントナー財務相は、われわれの求める対策を実施し、最終的に農業政策に必要な変化を起こしてほしい。これまで通りという選択肢はない。未来には変化が必要なのだ！

1　酪農家が生乳の適正価格を交渉できるようにする。酪農家と乳業メーカーの間の契約義務を履行する！
2　農家の畜産経営のより動物福祉に沿った飼育方法への転換を支援す

1 決起するドイツの農民

る！

3 農地が農家の手に残るようにする。すでに大規模な農地を所有している者は、新しい農地購入では割り増し土地取得税を支払うべきである！

4 農家が環境保護でも収入を得られるようにする。EU共通農業政策の生態系サービスに対するプレミアムは、農家所得に貢献しなければならない！

5 農業経営の数を増やし、その多様性を強化する。EU共通農業財政資金（CAP）は、社会的により公正な配分を確保する！

6 農家の所得の減少を防止する。そのためには、遺伝子組み換え作物のない市場を確保し、遺伝子組み換えの厳格な規制を引き続き確保する！

なぜこれが重要なのか？

農業はよりエコロジカルに、畜産はより家畜の種類に適したものにならなければならない。そしてこの再編は、私たち農民の経済的展望と結びつかなければならない。私たち農民は、「農業将来委員会」や「畜産専門家ネットワーク」に参加している環境保護団体や動物福祉団体の代表者とともに、すでにこのことに合意してきた。しかし、現在の3党連立政権も前政権も、「農業将来委員会」などの勧告を十分には実施していない。また、エズデミル農相は就任当初、乳業メーカーや、屠畜場、製粉業者などとの価格交渉において、農民の立場を強化したいと発表したが、これは今日まで空虚なままである。それが農業経営の不満を引き起こし、われわれを農場から街頭へ連れ出しているのである。

ここ数十年の農業政策の結果は壊滅的である。環境保護と動物福祉を強化するために必要な改善に取り組むための資金と計画の保障が、農場には不足しがちである。その一方で、大規模な投資家が農地を買収して農地賃貸料を高騰させるとともに、気候危機が農耕をますますむずかしくしている。

67

第Ⅱ部　決起する諸外国の農民運動

　政府による十分な資金提供や計画の保障が行われないなかで、経営の見通しが立たなくなり、農場が劇的に減少し続けている。とくに若い世代は農業を本当にやりたいと思っていても、実際に始める前に諦めてしまうことが少なくない。農業経営には所得と経済的展望が必要である。われわれは将来においても良好な食料を生産し続けたい。しかし、それは長期的な政治的バックアップがあり、私たちの生活が安定したものでなければうまくいかない。

　私たちがどのように農業を営むかは、良い食料を生産するためだけに重要なのではない。ドイツとヨーロッパが環境、自然、気候、動物保護における目標を最終的に達成できるかどうかは、私たちがどのように農業を営むかにかかっている。農業に求められる再編のためには、多種多様な農場が必要である！　農業政策の行き詰まりは、私たち農業者だけでなく、環境保護や動物福祉にも悪影響を及ぼす。

　現在の農民の抗議行動は、過去数十年にわたるこの政治的行き詰まりの最終的打破につながるにちがいない。ショルツ首相、エズデミル農相、リントナー農相に訴える、必要な改革に取り組み、最終的に農業の流れを変えてほしい！

　憎悪、扇動、人間嫌いのスローガン──右翼過激派グループは、農民の抗議行動を利用しようとしている。われわれは違う！　われわれはポピュリズム的なプロパガンダではなく、建設的な解決策を求めているのである。

（村田　武）

2 ドイツ・オーストリア・イタリアの有機農家

(1) ドイツのビオホーフ・グレンツェバッハ

　ミュンヘンの西郊30kmの小村ヴェスリンクにあるビオホーフ・グレンツェバッハ農場（Biohof Grenzebach）は、1989年にデメーテル協会のバイオ・ダイナミック農法に転換した有畜複合経営である。農場にはノルベルトとクリスティーネ・グレンツェバッハ夫妻に、その息子フィリップ・ニーナ夫妻、孫と母の4世代が暮らしている。家族経営で雇用労働力の導入はないが、ドイツ人の研修生が1名いる。

　この農場は1802年の創業で、ノルベルトの祖父の代にヘッセン州からバイエルン州に移転し、現在の地に農場を構えた。ノルベルト氏（63歳）は農場の8代目にあたり、約40年前に両親の農場を引き継ぎ、4年後の1989年にデメーテル協会に加入している。

　30年前は村内に40戸あった農家が、現在では4戸に減るなかで、父の時代からの農地の買い足しもあって、自作地30ha、借地70haの計100haの経営となっており、ドイツでは中規模農場という位置にある。地代は1ha当たり250ユーロで、山間地にある農地は90～100ユーロと少し下がる。ドイツの穀作地帯における地代水準は1ha当たり400ユーロが一般的とのことで、それと比べると当地の地代は高くないという。借地全体（70ha）で年間1万1,000ユーロを支払っている。

　100haの経営地のうち30haが耕地で70haは牧草地（採草放牧地を含む）である。耕地では主に穀物を生産しており、小麦・大麦に加えて、豆類、トウモロコシ、クローバー類が栽培されている。小麦（収量6t/ha）はパン用として年間30tを販売しており、その他の穀物は家畜の飼料、クローバー類は地力維持のほか飼料としても利用されている。

　この農場の所得の大半を担うのが酪農である。飼育している乳牛（伝統的

第Ⅱ部　決起する諸外国の農民運動

バイオホーフ・グレンツエバッハの放牧地

褐色牛）は50頭で、年間搾乳量は200tである（1頭当たり搾乳量は6,000kg）。搾乳は1日2回で、25年が経過したタンデムパーラーで同時に4頭を搾乳している。搾乳時間は1頭当たり5分で、1人でも1時間あれば全搾乳牛の対応が可能とのことである。乳牛は4月中旬から10月中旬まで放牧される（朝の搾乳後牧草地へ、夕に牛舎へ）。

　この農場の牛乳のセールスポイントは、①生乳はパストゥール殺菌（低温殺菌）されていないので、すべての栄養素が残っている、②成分調整をしておらず、乳脂肪率4％が維持されている、③自然的な給餌でオメガ6と3の脂肪酸が豊富である、④とくにアレルギー体質の身体に合っている、などである。

　生産された牛乳の10％は農場の小さな店舗の「新鮮な有機牛乳自動販売機」で地域住民に直接販売されている。牛乳直売は1日50ℓで、購買者が1ℓは入る牛乳瓶を持参し、詰めることができる。自動販売機の注意書きには、「この牛乳の味は、年間を通じて変化します。牛乳瓶は注意深く洗っておいてください。クリームが分離するので、飲む前によく振ってください。冷蔵庫で3日間は保存が可能です」とあった。また、チーズの加工・販売もおこ

グレンツエバッハ農場の農場内店舗

なっている。

　仔牛は生後4週間ほど母牛の傍らで母乳飼育し、体重80kgになった段階で出荷している。仔牛価格は320〜400ユーロである。

　乳牛以外の家畜は、20頭の肉豚に50頭の子豚、農耕用の馬2頭に加えて、採卵＋肉用の鶏が500羽（2棟の鶏舎で平飼い。鶏舎外に自由に出入り）、アヒル・ガチョウ50〜60羽である。鶏卵は1日300個を生産し、鳥肉は100％販売用である。野菜とハチミツは自給である。肉類は20％が消費者への直接販売で、残りは商人に販売している。消費者はミュンヘン市民が多いという。

　農場内店舗には、「緑の化粧品」（Grüne Kosmetik）──いろんなハーブ類を原料にした化粧品をいっしょに作りませんか」というポスターが貼られており、「農場でのキノコ狩り」への参加呼びかけポスターもあった。さらに、ノルベルト氏自身の大工仕事による建物が農家民宿「農家で休暇を！」（ドイツのグリーンツーリズム）経営を可能にしている。

　この農場がデメーテル協会参加の有機農場である特徴は、無化学肥料・無農薬であるだけでなく、経営内資源循環が徹底しているところにある。家畜飼料は完全自給である。耕地の肥料も堆肥だけで十分である。飼料や肥料を

第Ⅱ部　決起する諸外国の農民運動

購入する必要がないため、農場の生産コストを大幅に削減できているという。

　また、生物多様性を回復する取り組みもおこなっており、牧草地における植物の種類が豊富になるよういくつかの取り組みをおこなっている[1]。ひとつは「ブーケ・テクニック」と呼んでいるものである。ノルベルトは妻クリスティーネのために花束を摘むのが好きだった。牛を牧草地に連れて行くとき、妻はその花束を持って行った。花束が枯れた際には花束を牧草地の端に置いておく。すると、花束があった場所にはセージやヒナギクなどが徐々に花を咲かせるというのである。2つは、種が豊富で生育の良い草地から種の少ない草地へ、刈り取った草を移動させる作業を行っている。3つは、多くの植物の種（タネ）が動物自身によって牧草地から牧草地へと運ばれることから、短い間隔で家畜を移動させ、牧草地の植物種の多様性を確保している。こうした取り組みの結果、牧草地だけで350種以上の植物が確認されており、中にはレッドリストに載っている種もいくつか確認されているという。

　環境に優しい農業や生物多様性に配慮した農業を展開しており、EUやバイエルン州からの補助金を合わせると、農場全体で年間5万ユーロを受け取っている。

注

（1）https://www.nul-online.de/themen/landschaftspflege/article-7174452-201985/der-hof-der-familie-grenzebach-naturschutz-und-landwirtschaft-hand-in-hand-.html（2024年5月15日閲覧）

（椿　真一）

(2) オーストリアのデメーテルホーフ・クノルン

　デメーテルホーフ・クノルン（Demeterhof Knolln）は、オーストリア・
チロル地方の中心都市インスブルックから東部70km圏のゾエル（Söll）に
所在する。16世紀以来という古い歴史をもつ農場であり、アイゼンマン家が
5世代以上にわたって所有してきた。現在はアンドレアス（43歳）と妻のマ
グダレーナ、子供のキリアンとロレンツが暮らしており、祖母からも充実し
たサポートを受けている。

　近郊にはオーストリアの国技であるスキーの国際大会の開催地として世界
的に名を馳せるキッツビューエル（Kitzbühel）をはじめ、地域一帯が冬季
スポーツを中心とした観光地域となっている。夏季には当地に伝わる「泉に
まつわる魔女童話」をコンセプトとしたファミリー向けの水に関するテーマ
パーク「魔女の水」（ヘクセンヴァッサー Hexenwasser）があり、年間を通
じたリゾート観光地として来場者数は年間20万人以上に達する[1]。そのこ
ともあって地域の農家の大半は、営農とペンション経営を併せた経営の形態
をとっている。

　当農場も例に漏れず、1日当たり最大25名が宿泊可能なペンションを運営
している。冬場には農地の一部がスキー場のゲレンデとして使用され、ゴン
ドラやリフトに直結できる立地条件にある。また、散策ルートにある山小屋
での伝統的な朝食の提供、農場から数分の距離にある遊泳可能なアホルン湖
（Ahornsee Söll）の存在をホームページ上で謳っている。アンドレアス氏は
宿泊客に対するマウンテン・バイクやトレッキング、スキーのガイド・指導
も手がけている。

　経営農地は住居周辺の草地（標高500m）とアルム（標高1,200mの高原放
牧地）とを合計して約30ha、それに林地が27haある。林地の大半は保護林
であって、雪崩や土石流対策地である。したがって、この林地の経営は長期
的な考えで樹木利用がなされる。

第Ⅱ部　決起する諸外国の農民運動

アンドレアス氏は、思うところがあって3年前に、この農場を慣行農法からデメーテル農法に転換した。思うところというのは、デメーテル農法が、「土壌（植物）・動物・人間」の三位一体を理念にしている点、すなわちデメーテル農法の礎であるバイオダイナミック農法を約1世紀前

デメーテルホーフ・クノルン

に提唱したルドルフ・シュタイナーの宇宙エネルギー・神秘主義の考え方に惹かれたようである。なお、有機農法にはすでに1990年代から取り組んできたものの、オーストリア国内では取得事例がほとんどなく、ハードルがたいへん高いデメーテル認証に挑戦したい意志も転換を後押ししたとのことである。そのうえに、同氏が、EUの畜産業全般の問題である大規模・集約化にともなう家畜糞尿による窒素過剰問題を認識していたことも見落とせない。

デメーテル農法への転換に際して、酪農経営から肉牛生産に転換している。飼育家畜は、伝統的褐色牛（乳肉兼用種）が50頭と鶏30羽を飼養している。なお、馬が2頭飼育されているが、これは農耕用ではなく医療用（セラピー用）とのことであった。

牛は5月から9月末までは高原放牧地で避暑する。この時期に住居周辺の草地では、冬季の飼料用干し草がつくられる。最高品質の干し草をつくるために、牧草の刈り取りは3回に留めている。飼料は完全自給でき、土壌は余裕を持った刈り取りで休ませることができる。アンドレアス氏は毎日、徒歩か自転車で高原放牧地に行くのだという。冬季用の畜舎も密閉式ではなく、天気のいい時には牛が舎外に出られる広場をもっている。

肉牛の出荷は月に1頭程度で、年間15頭を出荷している。枝肉は1頭当た

り250kg程度であり、農場から10分程度の近くにある大型屠畜場で解体・処理される。牛肉の販売はオンラインでの直接販売を主としており、精肉30ユーロ/kg、ミンチは13ユーロ/kg程度の価格に設定している。生育から販売に至る工程では、BSE以降に定められた30ヵ月齢以内の出荷を順守し、また、可能な限りアニマルウェルフェアへの配慮・確保を心掛けているとのことであった。牛肉の販売額（1kg当たり）を精肉とミンチの半々の20ユーロとすると、年間250kg×15頭×20ユーロで販売額合計は7万5,000ユーロになる。

　この農場が受け取るEU共通農業政策（CAP）の環境保全直接支払いは2万2,000ユーロである。これは農場の生産費をほぼ補てんする水準で、農家所得の確保にとって意味のある支援策になっているとみられる。

　ペンション経営では、ツインルーム一泊の料金が夏季120ユーロ、冬季130ユーロと設定され、別途2.5ユーロ程度の地方税が掛かる。その他、別館（面積60㎡）もあり、4名で一泊につき夏季205ユーロ、冬季245ユーロと設定されている。

　「デメーテル農法に転換してどんなことが良かったですか」という質問に、アンドレアス氏が、「家族間の関係が良くなり、充実したものになった」と答えたのが印象的であった。実際、生産面の効率化を第一義にすえる従前の農業経営では、環境破壊を招くばかりでなく、家族員個々に過重な労働を強いるので、家族関係がぎくしゃくしたのだという。また、農地のスキー場利用に対する賃借料を得ているとのことであった。

注
（1）長野県海外林業技術等導入促進協議会『令和元年度　オーストリア・フィンランド森林・林業技術交流推進調査報告書』を参照。（URL:https://www.pref.nagano.lg.jp/rinsei/sangyo/ringyo/shisaku/documents/r1houkoku.pdf　2024/5/17　アクセス）

（橋本　直史）

第Ⅱ部　決起する諸外国の農民運動

（3）イタリアのアグリツーリズムを展開する有機農場

　イタリア北部の大都市ミラノの南郊ポー川流域・パタナ平原に、ヨーロッパ第1の水田稲作地帯（20万haを超える水田は1920年代から建設が始まった水量豊富なポー川からの大規模用水路で灌漑）が広がっている。その真っ只中にあるのが、有機農業を中心として幅広い事業を展開するカッシーナ・カレンマ農場（CASCINA CAREMMA）である。ミラノから30kmほどしか離れていないカッシーナ・カレンマ農場がある土地はもともと湿地帯であったが、1200年代に修道士が土壌改良を行ったという記録が残っている。元の所有者はミラノ在住の貴族で、当時は約200頭の牛が飼育されており、農場で雇われていた100人ほどのための食料や家畜のエサを生産するために農地を所有していたとされている。

有機農場としてのスタート

　カッシーナ・カレンマ農場の経営主であるガブリエル氏（65歳）は、この農場を35年前に有機農場に転換している。両親は商業に従事していたが、彼自身は小さい時から農業に関心があった。19歳でミラノ大学農学部に入学してバイオダイナミクス農法を学び、大学院を修了後は、自分の農場を所有して自分のアイディアを実現させたいと、農場に関するリサーチをおこなっていた。そして、卒業後4～5年は農業実習生として働いたが、そのことがその後の自分の役に立ったという。

　1988年に30歳の時にこの農場を購入し、農場経営を開始することになる。しかしながら、当時は、ヨーロッパ全体が穀物過剰の時期であり、本音としては酪農経営を行いたかったが、新しく酪農経営を行うのも難しい状況であった。そのようななか、一番発展する可能性があると考えたのが有機農業であった。経営的にも自身の哲学的にも、農場を有機栽培の農場としてオープンすることが望ましいと考えた。

76

2 ドイツ・オーストリア・イタリアの有機農家

写真1　カッシーナ・カレンマ農場の入口

田畑輪換農法・有機農業と農業生産

　ガブリエル氏は、この農場で採用すべき農法として最良な農法がどのようなものかを検討するなかで、すでに19世紀に行われていた輪作農法を知り、農場経営を開始した際にそれを復活させ、同時に無農薬・無化学肥料の有機農法を採用することとした。

　農場の経営規模は3年前まではすべて自作地の36haであった。隣家の離農にともなって84haを購入し、現在では120haの農場になっている。うち半分の農地は畜産飼料（とうもろこし、大麦、エンドウなど）に向けられている。

　現在行われている田畑輪換農法は5年輪作体系である。

（1年目）**水稲**（水田利用——地域には陸稲もあるが、水稲の方が除草に
　　　　有効。

　　　　　目標は32haだが、欧州の近年の降水量減少で今年の作付面積
　　　　は20ha。また、通常は播種（機械直播）が5月初め、収穫が9
　　　　月中旬だが、水不足で播種は5月18日〜6月1日に、収穫は9月

77

第Ⅱ部　決起する諸外国の農民運動

末にずれ込んだ。なお、水田の水利費は農場全体で3,000ユーロ）

（２年目）**水稲**（有機農法での播種量は慣行農法の約２倍の375kg/haである。）

（３年目）**エンドウ豆**（窒素固定を期待。根が深く入る。大豆より成長が速く、雑草に強い。）

（４年目）**大麦**（飼料用。大麦・小麦とも播種後の成長が速く、雑草に強い。播種期の選択に注意が必要。播種後に低温になると雑草に負ける）

（５年目）**小麦**

　温暖化の影響だろうが、降水量が減っており、それが水田利用面積の減少を招いている。田畑輪換で水田を入れることで、後々の畑作の際の除草効果も期待できる。この５年輪作は、除草効果とコンスタントな生産という両方を考えて選択されている。小麦・大麦・エンドウ豆に関しては、播種のタイミングを間違えなければ、雑草をほぼ抑えることができる。肥料も厩肥しか使用せず、雑草に強い品種、すなわち雑草より草丈が高くなり、早く成長する品種を選択している。

　有機農業の理念に関しては、「すべてにおいて重要なのは自然と人であり、自然を破壊しない経営である。また、伝統的な食べ物を栽培するには、伝統的な栽培方法が必要という考えがあり、有機栽培は頭を使ってやらないといけない」とのことであった。

　なお、この農場で栽培されている水稲の品種は、ジャポニカ種（中粒種）であるが、その小粒のものはオリジナリオ、セミティール、フィーノの３種、大粒のものがスーペルティーノ種である。スーペルティーノ種の中でとくにリゾット用（アルデンテに適している）とされているのが、この農場でも栽培されているカルナローリ種である。

　この農場の米の収量（モミで計算）は３〜4.5 t /haである。慣行農法では4.5 t /haである。

収益性に関しては、麦類より米の方が高いという。とくに有機米のオーガニックスーパーでの販売や、農場内店舗での販売は収益性が高いものになる。

畜産を複合

現在飼育されている家畜は、肉牛20頭（まもなく40頭に）、ヤギ（乳用）40頭、肉豚（黒豚）100頭（トウモロコシ畑に放牧、0.8haで100頭）、採卵鶏100羽である。

肉牛は、基本的には放牧を行っており、リムジンとピエモンテーゼの2種類の牛が飼養されている。また、肉豚に関しては、セミブラードと呼ばれる肥育方法を実施している。それは、豚の放牧とトウモロコシの作付けをロー

写真2　餌を食べる牛

写真3　豚の放牧地

写真4　採卵鶏と移動可能な鳥小屋

写真5　ワイン用ブドウとラベンダー

第Ⅱ部　決起する諸外国の農民運動

テーションさせる肥育方法で、豚は放牧することで、草を食べ、糞をし、穴を掘る。その後に、トウモロコシを植えることになる。**写真3**でいうと、奥の土が見える部分が豚の放牧地であった所（視察した時にはすべての豚が屠畜された後であった）で、来年度はトウモロコシが作付けされる。一方で、手前の草が生えている部分が豚の放牧地となる。豚は体重180kgで屠畜され、当農場のレストランやサラミ加工用に利用されている。

　採卵鶏に関しても基本は平飼いで、ひと月ごとに場所を移動させている。さらに平飼い場所の境界に植えられているブドウで年間2,000本のワインを生産したり、ラベンダーを栽培してアロマオイルを生産したりしている。

　農場の雇用労働力は、農作業関係で4人、経営するレストラン等を含めると合計25人の従業員となっている。

　農作業に関する雇用が4人に押さえられているのは、有機農業では収量は下がるものの、その一方で作業量が減ることによっている。総じて農業生産に係る費用が低く抑えられると考えている。とくに近年のエネルギー価格の高騰や、除草剤や殺虫剤の価格もアップしている現状では、有機農業は非常に有効な生産方法だと考えられている。

多角的な事業展開

　この農場のいまひとつの特徴は、その多角的な事業展開である、資料6の農場の看板には、この農場が「アグリツーリズモ経営」と称しており、宿泊やレストラン、スパなどが併設されている。有機農業を核としたアグリツーリズモ経営がセールスポイントである。われわれが視察した当日も、オープンガーデンのレストランでは結婚パーティが開かれており、多くの人が集まっていて、駐車スペースはいっぱいになっていた。なお、アグリツーリズモの農家民宿を兼営する場合には、ロンバリディア州の規定で、提供する食事の食材の自給率35％以上をクリアする必要があるが、当農場ではその要件はクリアされており、前述したように、リゾットや畜産物以外にも、ワインやアロマオイルなども生産されている。

2　ドイツ・オーストリア・イタリアの有機農家

写真6　アグリツーリズモの看板　　写真7　住宅を利用した宿泊施設

（山口　和宏）

3　フランスの農民運動と家族農業

トラクターの「エスカルゴ行進」

　2024年1月からEU加盟の多くの国で、農民の過激な抗議活動が吹き荒れた。この前代未聞の抗議活動はソーシャルメディアの影響もあって国際的にも大きな関心の的になった

　農業大国フランスでも有力な農民組織が主催して、1月28日から約50日間に及ぶ長期的な抗議計画が組まれた。その間、抗議活動には濃淡はあるけれども、パリや地方の中核都市で幹線道路の封鎖、トラクターによる「エスカルゴ行進」(のろのろ行進)、議会や県庁舎への堆厩肥のまき散らしなどの過激ともいえる実力行使がおこなわれた。フランスの象徴、パリの凱旋門前では干し草が積まれ、その前での農民の抗議集会の光景を見ると、同国の社会や経済における農業の役割や位置の大きさを垣間見る思いだ。また、2月末には毎年恒例の国際農業祭がパリで開催されたが、マクロン大統領の訪問時には、怒号が飛び交うなかでの農民たちとの直談判騒ぎもあった。

　フランスの農民の怒りは、その7つの要求項目に集約できる。①農業所得

抗議のため農業祭にトラクターで集結
(フランスの農民組合MODEFサイトより)

の増額、②トラクター燃料の減税制度の維持，③環境規則の簡素化、④農民を「環境の汚染者」とみなさない社会的配慮、⑤生物多様性にもとづく不合理な規制の撤廃、⑥水管理の改善、⑦代替策がないなかでの化学肥料や農薬の使用禁止の撤廃である。そして、これらの要求項目に追加されたのが、とくに現在交渉中のEUとメルコスール（南米南部共同市場）との自由貿易協定をEU域内に安価で低品質の農産物が流入するとして、「食料主権」を守る見地から反対することであった。

農民団体で異なる主張

　今回の抗議活動を主導した有力な農民団体の政治的立場は、右から左まで実にさまざまである。とくにEUの農業補助金が厳格な環境規制のもとで支払われているなかで、一方での大規模な穀作農家と、他方での環境に配慮したアグロ・エコロジーや有機農業を重視する農家との間では、その考え方に相当の隔たりがある。したがって、この抗議行動がけっして一枚岩で行われたわけでないことは容易に想像がつく。たとえば、抗議行動の戦術面でも農民団体間で違いが生じた。2月1日の政府の声明をめぐって、道路封鎖を解くのかそれとも抗議を続行するのかに意見が分かれたこともあった。

　では、フランスの有力な農民団体がこの抗議行動にどのように関わっているのか。まず、「農業組合全国同盟」（FNSEA）である。フランス最大の農民団体で会員数21万、農業会議所の代議員は約50％を占める。したがって、抗議行動でもっとも影響力を行使しうる農民団体であろう。この「農業組合全国同盟」は、抗議行動に際して詳細な要求リストを政府に提出した。そこで強調されているのは、農業所得の問題、環境規制の問題、農業の将来を保証するような社会的、財政的支援の問題であった。とくに環境規制の問題が焦点になっているのは、EU共通農業政策の農業支援がかなり厳格な環境規則のもとで実施されているために、慣行農業に依存する大規模農家にとっては足かせだと受け止められているからである。政治的立場ではこの「農業組合全国連盟」に比べてさらに右寄りとされ、全国農業会議所の代議員数では

第Ⅱ部　決起する諸外国の農民運動

約20％を占める農民団体「農村連携」（CR）は、さらに派手な行動が報道されている。

中小家族農業と持続可能な環境配慮型農業を擁護する「農民連盟（CP）」

　他方、農業会議所の代議員数では約20％を占める農民団体で、国際農民組織「ビア・カンペシーナ」に参加する「農民連盟」（CP）も、今回の抗議活動では積極的役割を担った。また、フランスでは、6月から7月にかけて極右勢力の台頭という混とんとした政治情勢のなかで国民議会選挙が行われた。その際、「農民連盟」は、左翼勢力を結集させた「新人民戦線」を支持する農民組合としてその一翼を担った。

　この「農民連盟」の基本的立場は、フランス農業を経済部門の基幹産業（戦略的セクター）として捉え、これまでフランス農業が辿ってきた道が、市場原理型の野放図な競争を追求してきた結果、農業所得の低下、農家数の減少（この10年間でおよそマイナス20％）、農地の減少、新規就農者難などによって、このままでは多様な地域農業構造が消滅しかねないと危機感を抱いている。それを踏まえ「農民連盟」は、以下のような具体的政策を掲げている。

・ 公正な農産物価格（生産コストと労働報酬を考慮）を実現すること。
・ EU共通農業政策は食料主権政策を柱に域内の食料と農民の存続を優先させる。この中には、雇用と環境に有益な生産方法への公的支援、生物多様性にとって好ましい生態系の創出、再生、維持、自然的ハンディキャップ地域に対する補償、有機農業への転換と維持への支援などが含まれる。
・ 競争に代わる協同システム（供給、販売、加工、サービス）の地位を再評価すること。
・ 農地を公共資産として保全すること（土地整備農村建設会社 SAFER の活動の再評価、キャピタルゲイン課税の適用など）。
・ 農村政策。活力ある農村のために、意欲的、協調的な公共政策（農場を家

族的規模で管理、生産資源の集中の抑制、農業経営への公的支援に上限の
設定など）を行うこと。
・新規就農者問題。就農、起業を促進させること（青年農業者就農支援助成
金DJAの見直し）。
・地域レベルの自主性を発展させること。
・小規模農業に適応した生産、加工、流通の枠組みを構築させること。
・農民的農業プロジェクトを普及させること。

　このように「農民連盟」は、1987年の発足以来フランスの中小家族農業経
営を守る活動を一貫して続けてきた。去る5月28日には国民議会で「食料・
農業主権および農業の世代交代に関する法律」が採決された。「農民連盟」
はそのパートナーであるFADEAR[1]と共に、この法律は農家数の減少、
生物多様性の破壊と環境悪化の原因である市場原理型農業路線を踏襲ないし
強化するとして批判した。
　なお、今回の抗議行動には全面的に連帯するものの、フランスの家族農業
の再生のためには政府による農産物の最低保証販売価格の決定、市場競争で
はなく市場を規制することが必要であるとの独自の主張を行っているところ
にもその特徴がうかがえる。とくに、「真の農業所得」の実現、自由貿易交
渉を直ちに中止することを求めている。「農民連盟」はその発足の1987年か
ら新自由主義的経済原理を強く批判し、今日のフランス農民の困難は新自由
主義に根ざしているとする。したがって、WTO体制下でのFTA（自由貿易
協定）には明確に反対である。この点で1月末の声明でも、その直前に成立
した改造内閣（弱冠34歳のG.アタル新首相が就任）と前述の「農業組合全国
連盟（FNSEA）」が、袋小路に入っている新自由主義的経済制度の枠内で自
国農業の方向性について議論していると批判している。
　いまひとつ、この抗議行動の主催団体の一つとして名を連ね、家族農業を
守るという点では「農民連盟」と同様の考え方を持っている「家族経営擁護
運動」（MODEF）という農民団体もある。この農民団体の歴史は古く1960

第Ⅱ部　決起する諸外国の農民運動

裁判所前で抗議する農民（正面玄関に「自由、平等、博愛」の文字がある）
（フランスの農民組合MODEFサイトより））

年代に遡る。一貫して中小の家族農業を守る運動を展開してきた。この農民団体の要求の重点は、流通マージンの制限と政府による農産物の最低価格保証である。

　注目されるのは、抗議行動に参加する農民団体間の主張の力点には差があるものの、そうした違いを越えていっせいに抗議行動に立ち上がり、その抗議行動にはフランス最大の労組である「労働総同盟」（CGT）や環境保護団体、エコロジー団体などにも参加を呼びかけているのは、まさに農業大国フランスならではであろう。

注
（1）1984年に設立。農民への技術指導、直接販売や加工などのプロジェクトの農民支援、新規就農者への支援、農民的農業（agriculture paysanne）の発展をサポート。フランス全土に60の協会がある。「農民連盟」設立の契機になったともいわれている。

（石月　義訓）

4 欧州農民の抗議活動と農民運動、EU農政
——欧州ビア・カンペシーナに注目する

　2024年冬、欧州で農民による未曾有の抗議活動が起こっている。抗議活動は、欧州連合（EU）加盟27カ国中20カ国以上を巻き込み、少なからぬ国で大都市圏の活動麻痺を引き起こした（**地図参照**）。この波の予兆のなかで、抗議活動の影響を受けて政府与党が選挙戦に敗れるという事態まで起こっている。EUでの抗議活動の影響は、EUから離脱したイギリスにも及び、ここでも歴史的な抗議活動が起こっているが、これについては、別の章で扱う。

　この章では、①この間のEUにおける農民たちの抗議活動の概要を紹介するとともに、②抗議活動の背後にある「怒り」の正体を明らかにしたうえで、③EUにおける主要な農民団体が何を要求してきたか、その要求が何を意味するのかを検討し、④それに対して、EU当局はどのように対応しているのかを見ていく。分析に際しては、抗議活動のなかで重要な役割を果たしている、ビア・カンペシーナ欧州調整局（ECVC）の運動と主張に注目する。

　なお、本章での説明は、2024年5月末時点の情報による。

（1）2024年、欧州農民の抗議活動
——極右勢力の策動からECVCの結集呼びかけへ

　農民運動の諸潮流の紹介をかねて、この間の抗議活動の経過を簡単に振り返っておきたい。

欧州農民運動の諸潮流
　欧州の農民運動には、大きく3つの潮流がある。第1は、主流をなすCopa-Cogeca系の農業団体であり、強力なロビー活動を通じてEU農政総局はもとより各国の農政当局にも大きな影響力を持っている。第2は、世界的

87

第Ⅱ部　決起する諸外国の農民運動

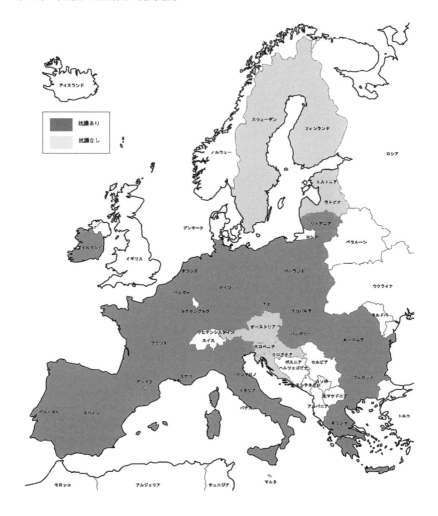

地図：欧州連合のうち抗議活動が起こっている国と起こっていない国（2024年2月まで）

出所：Wikipedia（2024）2024 European farmers' protests, https://en.wikipedia.org/wiki/2024_European_farmers%27_protests、(2024年3月24日アクセス)）より作成

な農民運動であるビア・カンペシーナに結集する農民団体で、欧州レベルではECVCを結成して運動を進めているが、Copa-Cogecaグループにははるかに及ばない。第3は、各国の極右勢力と連携するもので、EUレベルの組織はないが、極右が伸張するのと歩調を合わせて影響力を増している。

国別抗議活動が先行

EUにおける抗議活動には、EU加盟各国で農民たちが主として自国政府に対応を求めて立ち上がったものと、EU農民全体としてEU当局に対して農政改善を求めてブリュッセルで直接行動を展開するものとの2つのパターンがあった。本年1月までは前者が目立つが、2月に入ると後者の運動が広がってゆき、3月に入ると、ウクライナからの農産物輸入対策を求める東欧諸国を除いて国別の抗議活動は下火になっていく。

国別の抗議活動の口火を切ったのは、前記の説明で第3グループに掲げた極右勢力であった。昨年11月に起こったオランダでの窒素肥料使用削減政策に対する抗議活動は、「農民防衛隊」（FDF）の煽動で始まった。直後の国政選挙で極右政党が大躍進し、環境農業対策を推進してきた政府与党が惨敗を喫し、新政権の樹立が難航している。フランスでも、1月、2月の抗議活動で目立ったのは、「農村連携」（RC）という、極右勢力につながる団体であった。

国別抗議活動では、Copa-Cogeca加盟の各国農民団体も積極的に抗議活動に加わっていた。「ドイツ農業者同盟」（DBV）が農用ディーゼル燃料税減税の段階的撤廃に反対する抗議活動を組織し（1月）、フランスの抗議活動でも「農業組合全国連盟」（FNSEA）が存在感を示した。

ECVCが呼びかけたEU農政改善を求める直接行動

これに対して、2〜3月に3度にわたり、ブリュッセルでEU当局向けに政策要求の実現を迫る大規模な街頭活動を呼びかけたのは、2番目に説明したECVCであった。ECVCは、EU農相理事会会合の開催日程に合わせ、2

月1日、同月26日、3月26日に、関係組織にブリュッセルに集結せよと動員をかけ、EU当局に交渉を求めた。ブリュッセルでの抗議活動には、ECVC関係者以外のものを含めて欧州全域から多数の農民が駆けつけ、大きな注目を集めた。

ちなみに、Copa-Cogecaが、EU当局に農政対応を求める大衆的な直接行動を組織したかどうかは確認できていない。同団体は、EUレベルでは、もっぱらロビー活動に専念し、農民の抗議活動を利用して自らの要求をEU当局に突きつけようとしているようである。

ベルギー・ブリュッセルの欧州連合本部前に集結したトラクター（2024年2月26日）
出所：European Coordination Via Campesina（ECVC）のウェブサイトより

(2) 農民の「怒り」の正体——抗議活動の背景とEU農政問題の構図

このように、EUのほとんどの国で、数カ月にわたって、抗議活動が燃え上がったのは何故であろうか。ウクライナ戦争にともなう燃料価格急騰や安価な農産物の大量流入、大洪水や旱ばつといった自然災害等による農業経営への壊滅的打撃という短期的要因もあるが、問題の根っこはもっと深い。抗議に参加する農民たちが発する「農民は大切にされていない」という言葉がそれを象徴している。そこには、実情を無視するEUや政府のエリート官僚や政治家への苛立ちとともに、ご都合主義的な経済成長政策への「怒り」が隠されている。

環境重視の経済成長政策と農政の転換

今、欧州では、地球環境危機に対応した新しい成長路線への経済構造転換

が進められようとしている（「欧州グリーン・ディール」）。そのなかで、農業は温室効果ガス排出量の10％前後を占める一方、そのあり方次第で、温暖化問題はもとより、自然景観や生物多様性、食の安全・安心などの改善に大きく貢献する部門として、最重要視されることになる。問題は経済全体の構造転換と農業のあり方の転換とをどう結びつけるかであるが、ここでさまざまな社会勢力の思惑が交錯する。農民の運動は、その利益を守り、政策に結実させる営みである。農民が激しい抗議活動に立ち上がっているのは、闘いが重要な局面に差し掛かっているからである。

　ここで農業に求められているのは、「農業の工業化」による価格競争追求型の慣行農法から、環境保全、生物多様性回復、動物福祉重視、安全・安心な食料の安定的確保をめざす農業への転換であり、農産物や生産方法の「質」が重視される。これに対応して、農業支援施策も、慣行農法の継続を前提としたこれまでの共通農業政策（CAP）の面積割りの直接支払い方式を縮小し、その資金を用いて公共の利益に貢献する環境保護型土地管理活動向けの支援に切り替えられようとしている。直接支払い受給要件として一定の環境対策実施を求める「コンディショナリティ」がそれである。農民にしてみれば、CAPの支援を受けようとすれば慣れ親しんできた従来のやり方が許されず、かといって技術も機械・設備も販路もおぼつかない農業に「転換」するには、大きなリスクがともなう。きめ細かな支援を求めるのは当然である。

　この不安を軽減するには、移行にともなう投資等のコストを適切にカバーする施策、及び移行後の営農活動の採算が取れる社会的環境づくりが不可欠であるが、これらの手当てが十分なされないまま、自然環境要件の要求のみが強化されつつあった。

転換コストの価格転嫁を阻むもの——不公正な取引慣行とFTA推進

　環境保護型農業への転換は、農薬・化学肥料の使用抑制や土つくり、合理的な輪作や休閑期間の導入など、手間と経費が増えるので、その分コスト高になる。これを農産物価格に転嫁できなければ採算が取れない。

第Ⅱ部　決起する諸外国の農民運動

　ところが、EU当局はこの点を軽視し、一方で、農業⇒食品加工・製造業⇒食品流通業⇒外食産業⇒消費者という食品サプライチェーンにおける食品産業の優位と横暴を押さえることに消極的であり、他方、通商政策としてはWTO体制下で自由貿易協定（FTA）締結を推し進めようとしている。

　欧州では、スーパーマーケット等の農産物の買い手の力が圧倒的に強く、大規模流通業者が価格競争のコストを農業生産者に押し付ける事態が続き、2000年代に入って農業経営数が３分の２に激減する事態が続いている。こうした力関係が放置されたままでは、価格転嫁のための価格引き上げなど、できようはずがない。

　また、FTA交渉では、関税障壁撤廃も重要であるが、環境、動物福祉、食品安全等の規制基準の低い域外農産物がそのまま輸入できる取り決めが含まれる場合も深刻である。安価な低品質農産物が流入してくれば、コストのかかる環境保護型の欧州農産物の妥当な価格転嫁ができなくなる。ウクライナ戦争や自然災害という偶発的な要因で経営破綻が続出する現状は、構造的なコスト上昇が進むなかで価格転嫁できない場合の行く末を示唆している。

（3）農民団体は何を要求したのか

　こうした事態に対して、農民運動はどう対処しようとしているのか？Copa-CogecaとECVCについて整理してみた。

Copa-Cogecaは何を求めているのか

　Copa-Cogecaのプレス・リリースを見ると、この団体は、環境に優しい農業への切り替えを提起してきた欧州委員会の方針を真っ向から否定しないものの、具体的要求としては、環境重視の農政にブレーキをかけようとしている。そのことは、①CAP支払いのコンディショナリティの環境要件について、1) 要件の緩和を無条件で歓迎する一方、2) 小規模農民の義務免除は改善だとしつつも、農民間の不平等扱いとして懸念を表明していること、②農薬メーカー等と並んで、農薬削減計画の採択に反対したこと、③新型遺伝子技

92

術の推進を要望していることなどに示されている。

　貿易政策では、ウクライナからの穀物輸入優遇に歯止めをかけるよう要求を繰り返しながら、EU当局が進めようとしていた農産物輸出国である南米メルコスール諸国（ブラジル、アルゼンチン、パラグアイ）とのFTAについては、「現状のままの」協定締結に反対すると、微妙な対応をとっている。また、熱心な輸入規制要求の裏腹で、EUからの農産物輸出に対する支援強化を求めており、輸出指向型農業も追求しているようである。不公正取引慣行是正への取り組みを要求しているが、EUレベルでは具体的な提案を示していないようである。

欧州ビア・カンペシーナは何を求めているのか

　これに対して、ECVCの取り組みは明瞭である。ECVCが主導した2月26日のブリュッセルでの抗議活動における要求項目がそのことを示す（下記では、順番を入れ替えている）。

　　・アグロエコロジーと持続可能な農法への移行を促進するように、十分
　　　な予算とCAP援助支払いの公平な配分を求める。
　　・農民の管理・手続き負担の軽減を図れ。
　　・GMOや新しいゲノム技術の規制緩和をやめよ。
　　・EU・メルコスール協定交渉の最終的打ち切りを始めとして、自由貿
　　　易協定と不公正な競争をなくせ。
　　・スペインのフードチェーン法を模範に、不公正な取引慣行に関する指
　　　令を強化し、生産コスト以下での買取りを禁止せよ。

　2点補足しておく。

　第1に、ECVCの考える欧州農業の将来像は、個別の要求の寄せ集めではない。いくつかの国で抗議活動の動機に挙げられる異常渇水や洪水といった自然災害は、地球温暖化にともなう異常気象の現れであり、また、化学物資を多投し、遺伝子技術を安易に利用する工業的農業生産の推進は、資材産業の利益にこそなれ、農民は農薬使用時の健康リスクにさらされ、持続可能な

第Ⅱ部　決起する諸外国の農民運動

生産環境破壊というしっぺ返しを受ける恐れがあるという認識に立っている。世界中が環境に優しい持続可能な農業に移行していくためには、各国が目先の市場確保に目を奪われることなく、環境に配慮した生産に取り組めるような食料主権論に基づく国際的な貿易秩序づくりが必要となる。

　さらに、環境保護型農業の推進は、土地条件や施設、設備の整備、きめ細かな作付け・肥培管理などの追加的労力投入といったコスト上昇を引き起こすが、これに対応する適切な価格転嫁を実現できるかどうかに関わって、食料主権論を踏まえた域内市場の適切な保護、および農産物販売市場での公正な取引慣行確立を通じた適切な価格形成が不可欠となる。

　第2に、ここで取り上げられたスペインのフードチェーン法は、不公正な取引慣行に関する指令の加盟国レベルでの取り組みのなかで最も効果を上げているものである。そこでは、①農産物買取業者は、生産者の適切な所得分を含む生産コスト以下で買い上げてはならない、②不公正な取り扱いを受けた農業生産者は監督機関に通報でき、③監督機関は、違反の事実があれば、是正を命じるとともに、違反者に相当額の罰金を課することになっている。ECVCはこれをEU全域に広げようとしている。

（4）環境対策の後退が目立つEU当局の対応

　こうした抗議活動に対して、フォン・デア・ライエン率いる欧州委員会が対応に追われている。ここでは、環境保護型農業推進、農産物貿易政策、フードチェーンにおける農民の立場強化の3点に大別して、その対応を整理する。

　環境農業政策への不満に対しては、①2023年CAP改革で強化されたコンディショナリティにつき、1）実施方法や時期等を柔軟化する、2）手続きを簡略化するとともに、10ha未満の小規模農民については、支払い受給の要件から外す、②農薬の50％削減施策提案を取り下げる、③新型ゲノム技術の解禁、普及に理解を示すというものである。

　貿易政策としては、①メルコスールとのFTA協定批准を強行しない、②

ウクライナ支援の穀物輸入優遇を見直すことで対処した。また、農産物流通の取引関係の是正については、制定済みの不公正取引慣行に関する指令（具体的な制度の構築は加盟国に委ねられる）の実施を強化することとしている。

ECVCの立場から見ると、環境対策の①-2)は前進であるが、①-1)、②、③は後退といえよう。メルスコールとのFTAへの慎重姿勢は歓迎すべきものであるにせよ、最終的放棄ではない。農産物輸出促進姿勢が残るもとで、EUの農産物貿易政策は新自由主義的色彩を帯びたままである。不公正取引慣行問題でも具体的な成果には至っていない。

ただ注意すべきことに、4月以降、ブリュッセルなどでの農民の街頭行動が目立たなくなっているものの、EU当局と農民団体やフードチェーン関係団体、環境団体、研究団体等との間で、「戦略的対話」が始まっている。まだまだEU農政問題の行方は定まっていない。

（溝手　芳計）

5　イギリスでも農民が立ち上がる
──EU離脱後の農政改革に向けた農民運動の取り組み

　2024年冬−春の英国農民の抗議活動は、偶発的、刹那的なものではない。EU離脱（ブレグジット）後の農政改革に取り組む農民運動の一環である。

　以下では①抗議活動の具体的な動きを紹介するとともに、②この間の農政改革で問題となっている課題を整理し、③それに対して農民運動がどのように取り組んでいるか明らかにする。そのうえで、英国農民運動の主流派農民団体＝NFUと新興勢力であるLWAとの取り組みの違いを検討し、その背景について考察する。これらの作業をつうじて、現下の抗議活動の意義を考えていきたい。

　なお、本章の説明は、2024年5月時点の情報による。

（1）英国農民運動の組織者──農民団体とキャンペーン団体

　最初に、英国農民運動について簡単に整理しておきたい。英国では、①農民の利益全般の擁護、実現をめざし、恒常的な組織的活動を繰り広げる「農民団体」と、②個別課題について、間欠的、ないし単発的な活動を組織する「キャンペーン団体」のふたつがあり、両者が協力しあっている。

　農業政策の重要部分は各地域の自治政府の権限に委ねられ、これに対応してほとんどの農民団体が自治政府単位で組織されている。このことを念頭に置いて、英国最大の農業地域であるイングランド（および関連の深いウェールズ）を見ると、そこには、英国農民運動の主流をなすNational Farmers' Union of England and Wales（NFU）と、新興のビア・カンペシーナ加盟団体Landworkers' Alliance（LWA）というふたつの農民団体がある。一般に、前者は、大規模農業経営者の利益を重視し、後者は、中小農民や農業労働者の利益を代表すると言われている。現在の組合員数は、NFUが4万人余り、LWAは他地域の会員を含めて2,000人前後と、NFUのほうが圧倒的に

96

多い。ただ、近年は前者で微減傾向が続くなかで、LWAは最近5年余りで倍増している。

　農業問題に取り組むキャンペーン団体が重要な役割を果たしていることが、英国農民運動の大きな特徴である。2000年頃の酪農危機への取り組みをつうじて形成された北アイルランドのFarmers for Action（FFA）やブレグジット後の農政改革への取り組みで生まれたSupport British Farming（SBF）のように、農業キャンペーン団体の多くは個別課題を通じて結成されその後も活動を継続するものが多い。

　農業・農民問題に取り組む運動には、農民団体や農業キャンペーン団体のほか、農業内の部門別業界団体、環境団体、動物福祉団体、食の安全・安心運動団体などが加わることが多い。こうした共闘関係の広がりは、農業・食料問題はもとより関連分野に関するマスコミ報道が少なくないことと相まって、農業に関する世論形成に役立っている。

(2) 2024年、農民の抗議活動の展開

　2024年2〜3月、欧州農民の激しい抗議活動を受けてイギリスでも抗議活動が燃え広がった。

　2月10日には、欧州大陸への門戸となるドーバー港周辺に農民が集結し、トラクターのノロノロ走行（"Go Slow"）で交通遮断を敢行した。低価格農産物輸入を放置し自由貿易協定締結を進める政府やこれに便乗するスーパーマーケットへの怒りをぶつけようという、一部農民のネットでの呼びかけがきっかけであった。

ビッグベン前広場に集結した抗議農民のトラクター
出所：FFA（Farmers For Action）のFacebookより

第Ⅱ部　決起する諸外国の農民運動

　ウェールズでは、ブレグジット後の農政改革のもとでウェールズ自治政府が打ち出した持続可能農業制度（SBS）の実施に反対する抗議活動が燃え上がった。新制度は、EU共通農業政策から引き継いだ所得補償的色彩の強い面積割り直接支払い（BPS）に代えて、環境や動物福祉等への貢献に応じて営農・土地管理者に報酬を提供するというものであったが、農地の林地化＝縮小計画を含むものだったので、農民の不安を掻き立てた。NFU cymru（NFUのウェールズ地域組織）とウェールズ独自の農民組織　Farmers' Union of Wales（FUW）の呼びかけで繰り返し大小の討論集会が開かれ、数十台のトラクターを動員した抗議集会（２月12日）、幹線道路の交通マヒをねらったトラクターのGo Slowデモが繰り広げられ（２月16日）、26日にカーディフで開かれた抗議集会には約3,000名が参加した。

　地方で始まった抗議活動が合流し、やがてUK全体を巻き込む運動となる。３月25日には、ロンドンのビッグ・ベン（国会議事堂）を包囲する「歴史的な」抗議活動（主宰者の表現）が行われた。そこでは、全国から集まったトラクターと農民たちが街なかを練り歩き、沿道では支援者がユニオンジャックを掲げて手を振っていた。抗議の模様はBBCによりネット中継され、メディアや国民から大きな支持が寄せられた。この行動を呼びかけたのは、ドーバーの抗議活動のなかで生まれたキャンペーン団体Fairness for Farmers of Kent（FFK）と既述のSBFであった。SBFの創設者は、①政府が国内生産基準以下の低品質農産物の輸入を阻止するよう措置を求めること、②輸入品と国産品の区別がつかないような「不誠実な」食品表示に終止符を打つこと、③食料安全保障確立に向けた積極的な行動を求めることが集会の目的だと語っている。

（3）ブレグジット後の農政改革に対する農民運動

環境保全型農業への移行を支える経済的条件――価格転嫁の重要性

　イギリス農民運動は、以前からEU離脱後の農政改革に取り組んできた。本年冬の抗議活動も、その闘いの一環であった。

5　イギリスでも農民が立ち上がる

　環境最優先の経済成長戦略「ネット・ゼロ」計画のもとで、農政改革では環境に優しい農業への転換が最重要課題とされる。その中心が、面積割り直接支払い（BPS）から、農業の環境保全活動に対する報酬支払いへの切り替えであった。そこでは、その方策自体の展開も重要であるが、措置が効果を発揮できる経済的環境づくりも不可欠である。

　環境保全型農業への転換には、①土地条件整備や設備・機械といった初期投資とともに、②土つくりや継続的な輪作、被覆作物の栽培、さらには自然回復向けの土地管理など経常的な追加経費がともなう。これらの経費を賄うには、公的支援を増やすか、農産物価格に転嫁するしかないが、当局の対応がいずれも曖昧なまま、BPSの減額だけが容赦なく進む。

早くから取り組まれてきたFTA阻止運動

　価格転嫁を実現するには適度の価格引き上げが必要であるが、英国の農政ではこの点が十分考慮されていない。

　ひとつには、ブレグジット後の諸外国との通商関係再構築の中で、製造業や食品産業の外国市場開発につながる自由貿易協定（FTA）締結が推進されていることである。2023年にオーストラリアやニュージーランドとのFTAが発効したのを始め、現在、アメリカやカナダとの交渉も進行中である。FTAの問題は関税撤廃だけではない。国産品では使用できない化学物質や生産方法を用いた農産物の輸入を認めたり、それらの表示を免除することになれば、品質や生産プロセスの配慮を欠いた安価な輸入品がなだれ込み、環境対応でコスト上昇をともなう国産品が太刀打ちできなくなる。現にアメリカとのFTA交渉では、塩素殺菌した鶏肉を認めるかどうかが、焦点のひとつとなっている。

　これに対して、農民運動は以前から、無原則的な市場開放に反対する運動を行なってきた。2020年には、前出のSBFが中心となって２度にわたりトラクターデモを挙行、2022年には、LWAの呼びかけに環境や食の安全・安心のキャンペーン団体なども加り、環境保全型農業への転換促進と農民への支

99

第Ⅱ部　決起する諸外国の農民運動

援強化、適切な貿易政策を訴えるトラクター行進が行われた。3月の国会包囲デモは、こうした運動を踏まえたものである。

流通業者の横暴との闘いも広がる

今ひとつは、農産物・食料品のバリュー・チェーンにおいて、農業生産者が圧倒的に不利な状況に置かれていることである。イギリスの食品市場は、大手スーパー上位5社だけで食品市場の7割を占める典型的な寡占市場である。農産物取引では買い手企業の力が圧倒的に強く、価格はもとより、出荷時期や数量、包装、運搬等を買取り側が一方的に押し付けたり、出荷段階になって突然買取りを拒否するといった事態も珍しくない。

こうした状況を打破しようと、農民たちが立ち上がっている。2023年秋には、Proud to Farmという団体が中心となって"Get Fair About Farming"（農業を公正に処遇せよ）運動が展開され、大手スーパー配送センターのトラクター包囲集会、農産物不公正取引慣行是正に関する国会請願に取り組み、11万人以上の署名を集めてこの問題を国会審議に乗せることに成功した。

NFUの微妙な立ち位置

現在進められている農政改革は、EU離脱後のイギリス農政の枠組みを規定するものとなる。その意味で、どのような農業の将来像を描くかによって、農業界のなかでも、要求や運動の力点に違いが見られる。NFUとLWAを対比してみよう。

LWAは、上記2項に記したキャンペーン団体の活動に対して、集会やデモに際して会員が積極的に参加したり、代表が挨拶に立つなど、支持や協賛の姿勢をとっている。直接支払い制度の面積割り直接支払いから環境保全型農業支援への切り替えについては、基本方向を支持しながら、切替えにともなう農民への実務的荷重負担を強く批判し、改善を要求している。

これに対して、NFUは、キャンペーン団体の運動に支持の表明しながら、距離を置こうとしている。

100

5 イギリスでも農民が立ち上がる

　たとえば、農産物市場開放について、NFU自身、2020年に、国産品については違法とされる方法で生産された食品輸入を禁止する法律制定を求める100万人署名運動を成功させたが、SBFからのキャンペーンへの協力要請についてはコロナ感染リスクを理由に断った。農産物貿易に関して、NFUは市場開放に反対しながら、他方で、英国産農産物の輸出促進策の強化を政府に求めており、各国民の自主的食料政策を尊重する食料主権論を主張するLWAとは異なるスタンスをとっている。

　NFUは、食品サプライチェーンにおける公正取引を確立する運動にも取り組んでいる。ただ、Get Fair About Farmingなどのキャンペーンに対して要求内容に理解を示しつつも、活動に加わろうとしない。

　こうしたNFUの姿勢は、環境保全型農業への切り替えを唱う農政転換に乗り気でないことと関わっているようである。NFUは、現在の農政転換は、環境対策を強調するあまり、国民食料確保という重要課題を軽視しているとして、食料自給確保の強化を最優先事項にするよう求めている。このことは、ウェールズでの持続可能農業制度（SBS）の実施反対運動の先頭にNFUcymruが立ったことと符合するし、農産物貿易政策に関する一見珍妙な要求や農産物市場改革での取り組み姿勢とも照応する。

　以上のようなNFUとLWAの姿勢の違いは、それぞれが基盤とする農民の立場を反映しているように思われる。NFUの幹部は、主に、従来のシステム上でそれなりに安定した有利な地位を築いてきた大規模農業経営者で占められ、「改革」よりも既存の営農環境の維持、安定を志向しやすい。これに対して、LWAは中小農民や農業への新規参入を望む若者たちから支持されている。21世紀に入って農業経営数が３分の１も減少するという厳しい状況に直面し、あるいは未だ安定した経営基盤を確保できていないものからすれば、現状維持の政策に未来を見出すことができないだろう。

　地球環境問題が全人類的課題となっている今、イギリス農民はどのような道を進むのであろうか？

（溝手　芳計）

101

6 「農の多様性」米国でも焦点
——家族酪農経営の危機

延期された次期農業法の決定

　米国では2023年に、現行の「2018年農業法」に代わる新たな農業法が「2023年農業法」として制定される予定であった。しかし連邦予算をめぐる議会の対立・混乱から農業法は成立せず、2023年9月で失効する現行の「2018年農業法」の期限が今年2024年9月末まで1年間延長された。米国の農業法は、理念法である日本の食料・農業・農村基本法とは異なり、農業法本体に具体的な施策の内容が書き込まれる。通常は5年を期限とする時限立法で、情勢の変化に応じた機動的な施策が用意されることはあるものの、農業法の実施期間中は施策の変更は基本的におこなわれない。そのため、米国内の農業団体は農業法の改定に向けて具体的な政策提言をおこなってきた。

ファームビューローによる次期農業法への政策提言

　米国最大の農業団体で、比較的大規模な農場の利害を代表しているといわれる「ファームビューロー」（「米国農業界連合会」the American Farm Bureau Federation）は現行の「2018年農業法」の枠組みを支持したうえで、改善点を提言している[1]。酪農政策で見ると、コロナ禍で生じた市場の混乱を是正する施策を提言しており、その他には、たとえば現在の貿易促進政策について予算の増額を求め、農村政策については「農村の経済的可能性を最大限にするような、透明で効率によって優先順位がつけられた長期にわたる一貫した市場指向型の農業政策を支持する」（傍点は筆者）としている。

全国家族農場連合（NFFC）による次期農業法への政策提言—根本的転換を提唱

　ところが、ファームビューローとは立場を異にする農民団体では、まったく異なる政策提言がなされている。

6 「農の多様性」米国でも焦点

　「全国家族農場連合」（NFFC, National Family Farms Coalition）は1986年に設立された31団体会員によって構成されている農民団体で、国際農民組織ビア・カンペシーナの加盟団体である。穀作、園芸作、畜産の農家に加え漁業者と多様な生産者が結集している。農民にとっての公正な価格、柔軟な土地保全施策、食料主権、公正な貿易を求めて活動してきた。NFFCは、次期農業法への政策提言をまとめたパンフレット「2023年農業法案に対する意見」（2023 Farm Bill Platform）[2]で、現在の米国の農業政策の枠組みを批判している。「終わりのない生産拡大を進め、それによる生産過剰は輸出市場に押し込んで解消し、同時に生産過剰によって引き起こされた低価格には不十分な水準の保障や保険制度しか用意されていない。それが公正で開かれた市場と農業信用の公平な利用を妨げている」というのである。そのうえで、次期農業法の策定はフードシステムの根本的な転換のチャンスであり、そのめざすところは ⅰ）農村社会・地域経済の繁栄と ⅱ）気候変動と生態系破壊に対する回復力を備えつつ、ⅲ）万人に良い食を提供することであるべきだとする。同時にそのフードシステムはアグロエコロジーと食料主権に立脚し、地域社会に根づいた、農民主導のものであるべきだとされている。パンフレット「2023年農業法案に対する意見」が求めている「2023年農業法」最優先事項は、①供給管理と最低価格による酪農改革②歴史的に行政サービスを十分に受けられなかった生産者や家族農業をおこなうものへの農地へのアクセス強化③農業信用へのアクセスの向上④米国農務省による公正な負債軽減の実施——の４点である。

　それに続く優先事項として、①で掲げた供給管理とパリティ価格の設定を穀物にも広げること、ローカルフードシステムへの支援として「2018年農業法」のもとで策定された「農産物の地域販売計画」（Local Agriculture Market Program）への財政支出を増やすこと、同じく「2018年農業法」のもとで策定された新規農場開設者向けの教育プログラムの維持と拡充、食品の原産地表示義務の再開、食肉処理業者の独占的で不公正な行動を規制する「食肉業者・家畜飼育場法」（Packers and Stockyards Act）の強化と拡充、

103

第Ⅱ部　決起する諸外国の農民運動

反トラスト法の強化——などが掲げられている。

最優先事項の第一に掲げられた酪農対策については、具体的には、(a) 地域別・農場規模別の最低価格の設定とその保障、および (b) 供給量の管理による需給調整の2点が提案されている。この酪農政策への提案は2021年にNFFCが法案化を提唱してとりまとめた「2021年家族農場からの牛乳法」案 (Milk from Family Dairies Act 2021) に基づいている[3]。

その内容を紹介しよう。政策は5項目ある。第1に、生産費をカバー

牛乳代に占める酪農家の所得がいかに小さいかを訴える農家。「Dairy Together」ホームページより（提供＝Wisconsin Farmers Union）

できる水準の最低価格を設定し、各農場の生産量に対してその最低価格が保障されること。最低価格は農場の規模と地域による格差を調整して決定されるものとする。第2に、牛乳の需給調整をおこなうこと。酪農家によって組織される委員会で全国レベルの生乳需要量を予測し、それを各酪農家に割り振る。酪農家への販売量の配分は各農場の過去の生産量にもとづいておこなわれる。第3に、乳製品の輸出入についても管理をおこなう。輸出をおこなう乳業メーカーへは輸出料を課し、輸入の際にも既存の貿易協定の枠内で可能な輸入料の引き上げをおこなう。第4に、市場の独占を解消、独占度を低下させるための措置の実施。第5に、地域の酪農インフラの再構築である。これらの政策提案のなかで、第1・第2項目が「2023年農業法」への提案に盛り込まれたのである。

「酪農を共に」(Dairy Together) の立ち上げ

　2018年には、「ウィスコンシン農民組合」(Wisconsin Farmers Union) を中心とした農業団体によって、政府の酪農政策の抜本的改善を求める運動団体「酪農を共に」(Dairy Together)(以下DT)」が組織されている。これは2015年の乳価暴落をきっかけに設立された団体で、NFFCも加盟団体となっている。DTは供給管理政策の必要性と有用性を訴え、その具体策が「酪農再活性化計画」(The Dairy Revitalization Plan) として提示されている。ウィスコンシン農民組合は、米国の主要農業団体のひとつであり、比較的小規模な農場の利害を代表するとされる「ファーマーズ・ユニオン (「全国農民組合」National Farmers Union) のウィスコンシン州組織である。ただし、酪農再活性化計画の供給管理政策の検討においては「ファームビューロー」のウィスコンシン州組織の会員農家も参加しており、中小酪農経営の多い伝統的酪農産地ではより広範囲な計画への支持が形成されているようである。

「酪農をともに (Dairy Together)」ホームページ上で家族農場への支持を訴える (提供＝Wisconsin Farmers Union)

第Ⅱ部　決起する諸外国の農民運動

注

（ 1 ） American Farm Bureau Federation, "2024 Farm Bill Policy Priorities, https://www.fb.org/files/2024-Farm-Bill-Priorities-FINAL.pdf（2024年 2 月22日閲覧）

（ 2 ） National Family Farm Coalition, "2023 Farm Bill Platform", https://nffc. net/wp-content/uploads/2023-Farm-Bill-Platform.pdf（2024年 2 月20日閲覧）

（ 3 ） National Family Farm Coalition, "Milk From Family Dairies Act", 2021, https://nffc.net/wp-content/uploads/Milk-from-Family-Dairies-Act-policy-detail.pdf（2024年 2 月26日閲覧）

（ 4 ） Dairy Together, "The dairy Revitalization Plan－A Vision for The Future of Dairy－", https://www.dairytogether.com/_files/ugd/629d75_9d6828bb745e4ceb83a18e1ef4b1da2a.pdf（2024年 2 月26日閲覧）

（佐藤　加寿子）

7 インドネシアにおける農民運動の展開
―― 農民の権利回復と連帯経済を追求する
インドネシア農民組合（SPI）

　2024年1月19日、インドネシア農業省と国家食糧庁の前で、農民たちの抗議集会が開かれた。それは、政府が、国内におけるコメの安定供給と備蓄確保を理由に年間300万トンのコメの輸入計画を発表したことに反対するものであった。今回の集会を主導したのは、1998年に設立されたインドネシア最大の農民団体であるインドネシア農民組合（Serikat Petani Indonesia：SPI）と、それが支持母体のひとつである労働党であった。主催者は、過去最高の330万トンを輸入した昨年同様、食料安保を輸入米で対処しようとする農政の矛盾を批判し、輸入反対と備蓄米の国内調達、政府買取価格の引上げ等の6項目をアピールした[1]。

　SPIは、国内では農地改革や食料主権を軸に活動を展開するとともに、国

インドネシア農民組合（SPI）の事務所

第Ⅱ部　決起する諸外国の農民運動

SPIのインタビュー後、秘書のブルワント氏と

際的にはビア・カンペシーナの加盟団体として海外の団体との連携を構築してきた。最近では、外資誘致を目的に2020年に成立した雇用創出オムニバス法に反対し、同法をきっかけに誕生した労働党と歩調をあわせながら、労働者と農民の立場から公正な社会を求める政治活動を行っている。

　筆者は、2015年にSPI本部を初めて訪問したが、それ以来、粘り強い活動を続けるこの組合の取り組みに注目してきた[2]。ここでは、四半世紀に及ぶSPIの歩みを軸に、インドネシア農業・農政の動向と農民運動の動きを紹介したい。前半では、ユドヨノ政権が終わる2014年までを主な対象とし、後半はSPIの資料を用いながらジョコ政権期の動向を中心に取り上げることにする。

インドネシア農民組合（SPI）の誕生と背景

　インドネシアでは、独立後に制定された1945年憲法から1960年成立の土地基本法にかけて、農村部では農民運動の高揚のなかで農地改革が政策的に位置づけられ、農民的土地所有の確立がめざされた。ところが、1965年の

「9.30事件」を契機に農民運動は壊滅し、スハルト体制移行後は一転して逆コースをたどるようになった。「新秩序」体制下では「緑の革命」や大規模開発、移住政策が優先されるようになったが、とりわけ1980年代中盤以降になると国内外の民間資本が参入する形でアブラヤシ農園の開発ブームが始まり、今日に至る世界最大のパーム油の産地形成が進んでいった[3]。

　しかし、そうした開発の影響で、国家による土地収用や伝統的な権利の侵害が各地で続発したため、開発推進側と住民との間で土地紛争が多発するようになった[4]。失われた土地の返還要求を中心に、農民たちは権利回復を求めて各地で組合を結成するようになったのである。

　そして、33年にわたるスハルト体制が崩壊した1998年に、全国組織が結成された。1人ひとりでは影響力が弱く、社会や権力に対して声が届かない。そのため、北スマトラ州のメダンやアチェ等、各地域団体から全インドネシアの声をまとめて訴えていくのが、大きな狙いであった。設立当初は、インドネシア農民組合連盟（Federasi Serikat Petani Indonesia：FSPI）の名称で活動し、北スマトラ州メダンに本部を置いていた。その後、小農民に関係する課題の増大にともなって、運動体としての体系的な取り組みが求められるようになった。そこで、2007年にはFSPIに加盟する10組合が合併し、連合組織から統一組織へ再構築を図るとともに、名称もSPIに衣替えすることになったのである。

　この組織変更にともなって、団体加盟だけでなく個人加盟も認められるようになった。現在はジャカルタに本部が、12地域に支部が置かれている。

　筆者が取材した2015年は、ジョコ前大統領誕生1年後であったが、当時すでに75万人の組合員を擁していた。中小農家だけでなく農業を続けたいと願う土地なし農民や季節労働者も含まれており、地域的にはアブラヤシ農園拡大の被害を受けた北スマトラの組合員が多かった。組合への加入条件は、農地保有面積2ha以下であって、集中的に問題が降りかかる対象が、弱い立場の中小農家であるという理由によるものである。

第Ⅱ部　決起する諸外国の農民運動

土地の返還運動

　SPIの主要課題は、土地の権利問題をはじめ、農産物の販売・流通問題、食料輸入の問題など、多岐にわたる。とくに土地問題は深刻で、スハルト政権期に権利証書を無視して農地が国に接収され、アブラヤシやコーヒー栽培の農園企業に払い下げられたり、開発許可や補償金支払い以前に土地を奪われたりするといった深刻な事態に多くの農家が直面していた。そこで、SPIは、土地を奪われた農民に対して直接聞き取り調査を行い、自らの土地であるかどうかの確認作業を行ったうえで、「自らの土地を耕したい」という彼らの声を政府に提出し、返還交渉を進めている。

　農民への聞き取り内容は、現在の仕事や低い所得水準、厳しい生活内容はもちろん、自らの土地であることを示す証明書が必要であるため、農地だけでなく家の周囲にある井戸や墓の所在に至るまで、詳細な確認作業を行っている。こうした地道な作業が、政府・企業側の虚偽の主張を覆す根拠となり、最終的には返還につながっていくのである。

　その一方、交渉では解決に至らず、裁判になるケースでは多額の弁護費用が必要になり、解決まで長期になってしまう。企業側のバリケード封鎖や暴力・脅迫等も多く、最悪の場合は流血や落命の惨事に至るケースもある。スムーズな返還は少なく、交渉は困難をきわめることが多い。それでもこうした運動の結果、SPIは2001〜14年までに20万haの土地返還に成功した。

　土地返還の意義は大きく、一度土地を失った農民が、取り戻した農地で再びトウモロコシやキャッサバ等の栽培を始め、子どもを学校に通わせることができるようになるといった成果も表れていった。

農民の権利を求めて：ローカルからグローバルへ

　さらに、SPIは、農政に対する反対運動や政策提言にも力を入れている。政府の食料輸入措置に対しては、国内市場価格の下落にともなって生産者が影響を被ることから、農民を動員してアピールを行い、国会議員に対しても食料自給を求める等の請願活動を行っている。

110

7　インドネシアにおける農民運動の展開

　それだけでなく、国内での活動と並行して、海外にも活動領域を拡げているのが、SPIの大きな特徴である。SPIはビア・カンペシーナを通じて各国のNGOと接触し、連帯を強めてきた。たとえば、2001年にインドネシア国内で、国家人権委員会と協力しながら、他団体といっしょに「農地改革と農民の権利に関する全国会議」を開催し、土地所有や適切な収入を求めるなど10項目を掲げた「インドネシア農民の人権宣言」を決議した。それを起点に、ビア・カンペシーナの協力のもとでジュネーブの世界会議で課題提起を行い、多数決で賛同を得ることも成功している。これは、後に2018年の「農民と農村で働く人びとの権利に関する国連宣言」につながる取り組みであった。インドネシア農民の声が世界的な文書として認められるとともに、政府に対して国際的なスタンダードを突きつけ、外圧を用いて農政を変える力となったのである。

　こうした国内外での運動に基づく農民の権利回復運動とともに、SPIは、インドネシア農業における新たな展開方向としてのアグロエコロジーや、生産物の販売ルートの開拓、さらには協同組合づくり運動をめざしていくことになる。

未完の農地改革と農民なき食料安全保障

　ところで、SPIは、運動方針として『インドネシア食料主権ビジョン2014〜2024』を発表している。そこでは、農村貧困の半減、農家の交易条件の大幅改善、不平等の是正、農業・農村開発の予算増、輸入削減と国内増産など、食料主権の実現に向けた数値目標と戦略が掲げられた[5]。

　では、過去10年間、インドネシアの中小農民はどのような状態に直面していたのだろうか。これについて、SPIでは「農民と農村で働く人びとの権利に関する国連宣言」を踏まえ、農民の権利状況に関する報告書を年度ごとに公表してきた。以下では、直近の2021・22年度報告等を素材に、ジョコ政権期の農業・農民の動向を検証しよう[6]。

　まず、国連宣言の権利の柱となる土地問題はどうか。上述のとおり、イン

111

第Ⅱ部　決起する諸外国の農民運動

ドネシアではスハルト政権以降、土地不平等が深刻な課題となってきたが、2021年時点でも土地ジニ係数は0.58と、人口の１％が58％の土地を支配する不平等が続いている[7]。これに対して、ジョコ大統領は、農民運動の要求を背景に900万haの農地再分配を公約に掲げ、就任後は大統領令を発布し、中期開発計画の優先プログラムにも盛り込んだことから、改革の前進が期待された。

　ところが、実施段階に入ると改革は行き詰まるとともに、プランテーションや鉱山開発を背景に農地紛争が多発し、2022年だけで119件に及んだ。その多くは州政府が企業に付与する耕作権や許認可に起因しており、開発の影で農民は脅迫・差別・逮捕等の暴力にさらされてきた。政府は2021年に「農地紛争解決加速・改革政策強化チーム」（Percepatan Penyelesaian Konflik Agraria dan Penguatan Kebijakan Reforma Agraria：PPKA-PKRA）を立ち上げたが、十分に機能していない。それどころか、雇用創出オムニバス法施行でパーム油最大手のシナールマス子会社がスマトラ島中部のジャンビ州で行った農民の立ち退きが正当化されるなど、事態を悪化させている。

　こうした問題の背景として、監督官庁の権限の弱さや省益争い、地方政府の反対等が障害となっており、農民の司法へのアクセスも弱いと、SPIは捉えている。そのため、現場での闘争支援と並行して、政府の農地改革強化・紛争解決の迅速化と国家人権委員会の権限強化を強く訴えている。

　加えて、食料への権利も深刻である。たとえば、2021年の幼児栄養調査では、発育阻害の幼児がおよそ４人に１人に及び、アイルランドのコンサーン・ワールドワイドとドイツの飢餓援助機構の両NGOが共同で発表した2023年世界飢餓指数（Global Hunger Index：GHI）では、インドネシアは125カ国中77位と、東南アジア諸国のなかで最下位である[8]。

　しかも、政府は食料安全保障を口実に、食料システムへの企業の関与を推進している。その象徴例が、前政権期に始まり、小農民主体の食料生産に生産力の高い大農園方式を導入する「食料農園計画」であり、食料システムの決定過程から農民を排除しようとしている。この問題については、政策決定

112

に農民を関与させ、女性・子どもへの栄養提供や地場生産・地域文化に基づく食の多様性確保を進めるべきであると、SPIは主張している。

インフレ・経営悪化と企業支配

　一方、農家の経営状態はどうか。**図7-1**は、農家の受取と支出の相対価格である交易条件指数（Nilai Tukar Petani：NPT）を作物別に示している。過去5年間の指数はインフレで上昇傾向だが、農家全体では2024年2月の120.97が最高値で、『食料主権ビジョン』で定めたSPIの目標値125には届いていない。しかも、月ごとの変動が激しい上に作物間格差が激しく、パーム油やコーヒーなどの農園作物とは対照的に、食用作物や園芸作物では損益分岐点を下回る時期もみられ、価格上昇の恩恵を受けているとはいいがたい。

　NPTの停滞・変動の要因のひとつが、資材高騰によるコスト高である。政府による農家への肥料補助があるものの、食用作物を生産する一部の官製団体加盟者に支給対象を限定し、多数の農家が疎外されるなど、肥料流通のガバナンスが課題となっている。食用作物の中心をなすコメは、政府買取価格が低く抑えられた結果、食料調達公社（Badan Urusan Logistik：

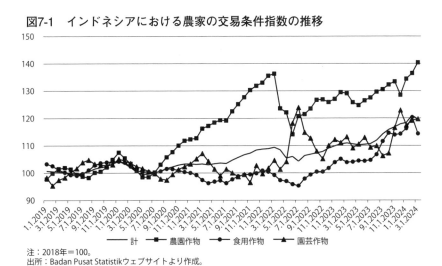

図7-1　インドネシアにおける農家の交易条件指数の推移

注：2018年＝100。
出所：Badan Pusat Statistikウェブサイトより作成。

BULOG）では備蓄用米の確保に失敗し、消費者価格の安定化と備蓄補給のためのコメ輸入をせざるをえず、その結果、生産者米価をさらに悪化させる悪循環を招いている。しかも、政府はRCEP（Regional Comprehensive Economic Partnership Agreement：地域的な包括的経済連携）の批准等、FTA（自由貿易協定）を通じた貿易自由化と特許種子の普及・自家採種規制を推進しようとしており、中小農家にさらなる脅威を与えている。

　また、農園作物の優等生であるパーム油農家も、決して安泰ではない。世界最大の生産国であるにもかかわらず、国内での食用油の価格高騰を背景に、2022年4月に輸出禁止措置がとられ、その終了後は国内供給義務が導入された。これにより、搾油工場が生産者からの買取価格を引き下げるようになり、数カ月の間に果房価格は主産地であるスマトラ島中部・マラッカ海峡に面するリアウ州で1kg 3,500ルピア（34円）から1,500〜1,600ルピアへ、ジャンビ州最東端では最悪の場合300ルピア（2.9円）に急落した[9]。パーム油産業は上流から下流までアグリビジネスが支配的で、とくに食用油業界では大手4社が4割の市場シェアを占めている。この状況を変えるためには、寡占体制の本格的な規制が求められているのである。

食料主権原則から「連帯経済」の実践へ

　以上のように、インドネシアの農民の権利保障は、いまだ達成途上にある。政府のガバナンス不全と新自由主義政策、企業支配が、農家だけでなく国内の消費者のくらしも悪化させてきた。そこでSPIは、農地改革や国家による農産物の適正価格保障などを軸とする食料主権を農政の原則とすること、そしてあらゆる政策決定に農民・農村住民を関与させることをアピールし、政府交渉を粘り強く行っている。

　さらに注目されるのが、SPIの運動が単なる政策批判にとどまらず、食料主権の実現のために連帯経済の構築へと拡がりを見せてきたことである。そのひとつが、農地改革モデル村としての「食料主権地域」の建設である。現場では農民主体による小規模生産・資源管理とアグロエコロジー導入を実践

し、食料エステート計画のアンチテーゼとしての新たな農業モデルを創り出そうとしている[10]。

もうひとつが、協同組合運動の再構築である。スハルト期の官製農協イメージから脱却し、2017年にSPIは農民主体の「インドネシア農民協同組合」（Koperasi Petani Indonesia：KPI）を1,000組合設立する目標を掲げた。その狙いは、農家が経済主権を構築し、農協を通じて出荷・販売することで、消費者への適正価格での販売と農家の収入向上、地域経済の発展につなげる点にある[11]。最近はその延長として、北スマトラのメダン市でコーヒーを農協が加工し、若者主体でコーヒーショップを立ち上げる動きも登場している[12]。

また、パーム油産業でも、農地改革と地域小規模工場建設を通じて上流から下流まで農民による協同組合管理をめざし、アグリビジネス独占に風穴を開けようとしている。さらに、アグリビジネスが製造する高度精製油ではなく、未精製で健康にもよいとされる「赤色食用油」の研究開発を政府が進めており、SPIも協同組合ベースの管理という政府の意向に協力姿勢を見せている[13]。

こうしたSPIによる食料主権原則と連帯経済の構築を通じて、人々の手に農と食を取り戻す創造的な運動の今後の展開が、大いに期待されるところである。

注
（1）"Tolak Impor Beras, Buruh dan Petani Serukan 6 Tuntutan," *Tempo*, 19 Januari 2024（https://bisnis.tempo.co/read/1823348/tolak-impor-beras-buruh-dan-petani-serukan-6-tuntutan）.
（2）2015年3月16日、SPI本部事務所で、秘書のブルワント氏よりヒアリングを行った。以下では、とくに断りのない限り、当日のヒアリング内容を元にしている。
（3）インドネシアを含む東南アジアのアブラヤシ農園開発の全体像については、林田秀樹編『アブラヤシ農園問題の研究Ｉ【グローバル編】』晃洋書房、2021年を参照。
（4）ちなみに、インドネシアの土地紛争については、中島成久『インドネシアの

第Ⅱ部　決起する諸外国の農民運動

土地紛争―言挙げする農民たち―』創成社、2011年等を参照。
（5）Serikat Petani Indonesia, *Visi Kedaulatan Pangan Indonesia 2014-2024*, SPI, 2014.
（6）Serikat Petani Indonesia, *Laporan Situasi UNDROP Indonesia 2021*, SPI, 2022；SPI, *Laporan Situasi UNDROP Indonesia 2022*, SPI, 2023.
（7）ADR/BPN, *Petunjuk Teknis Penertiban dan Penetapan Tanah Telantar*, ADR/BPN, 2022, p.3. 土地ジニ係数とは、政府試算の土地所有の格差指標で、完全平等から独占状態までを0〜1の数値で示したものであり、1973〜2003年には0.55から0.72へ上昇していた。なお、2021年は農業空間計画／国土庁、それ以前は国家統計局のデータであり、測定方法が違う点に注意を要する。
（8）各国の順位は、タイ51位、ベトナム54位、マレーシア56位、フィリピン66位、カンボジア67位、ミャンマー72位、ラオス74位である。Global Hunger Indexウェブサイト（https://www.globalhungerindex.org/ranking.html, 2024年4月12日閲覧）.
（9）"Harga TBS Terjun Bebas, PKS Harus Bayar Selisih Pembelian ke Petani," *SPI Siaran Pers*, 27 April, 2022（https://spi.or.id/harga-tbs-terjun-bebas-pks-harus-bayar-selisih-pembelian-ke-petani/）；"Harga TBS Sawit Rp 300/kg Sentuh Titik Nadir, Pemerintah Harus Teguhkan Upaya Perombakan Total Persawitan," *SPI Siaran Pers*, 23 Juni, 2022（https://spi.or.id/harga-tbs-sawit-rp-300-kg-sentuh-titik-nadir-pemerintah-harus-teguhkan-upaya-perombakan-total-persawitan/）.
（10）"Peresmian Kawasan Daulat Pangan（KDP）SPI di Bogor: Berdaulat Pangan dengan Pertanian Agroekologi," *SPI Siaran Pers*, 31 Maret, 2022（https://spi.or.id/peresmian-kawasan-daulat-pangan-kdp-spi-di-bogor-berdaulat-pangan-dengan-pertanian-agroekologi/）.
（11）"Membangun Gerakan Koperasi Petani Indonesia Untuk Memperkuat Perjuangan Reforma Agraria dan Kedaulatan Pangan," *SPI Siaran Pers*, 7 Juli, 2017（https://spi.or.id/membangun-gerakan-koperasi-petani-indonesia-untuk-memperkuat-perjuangan-reforma-agraria-dan-kedaulatan-pangan/）.
（12）"Menteri Koperasi & UKM Beserta Walikota Medan Apresiasi Koperasi SPI di Medan, Sumatera Utara," *SPI Siaran Pers*, 12 Juni, 2022（https://spi.or.id/menteri-koperasi-ukm-beserta-walikota-medan-apresiasi-koperasi-spi-di-medan-sumatera-utara/）.
（13）"SPI Apresiasi Niatan Pemerintah Kelola Minyak Makan Merah Berbasis Koperasi," *SPI Siaran Pers*, 10 Juni, 2022（https://spi.or.id/spi-apresiasi-niatan-pemerintah-kelola-minyak-sawit-merah-berbasis-koperasi/）.

（岩佐　和幸）

第Ⅲ部

ドイツ農業の将来
——社会全体の課題

【はじめに】

　1992年の地球サミット（リオデジャネイロ）で採択され、1994年に発効した「国連気候変動枠組条約」の締約国会議（COP）は、1997年開催のCOP3（京都）で採択された「京都議定書」で、先進国は2012年までに温室効果ガスの排出量を削減する目標の設定を求められた。世界の平均気温の上昇を産業革命以前に比べて２℃未満、リスクを見込んで1.5℃に抑えるよう努力することが決まったのは、2015年のCOP21で採択された「パリ協定」であった。

　環境先進国とされるドイツでも、温室効果ガス排出量を、農業を含む全産業で削減する社会的合意がなされることになった。「工業化する農業」に温室効果ガスの排出の削減をはじめとする気候変動対策や、生態系保全を求める立法が相次いでいる。総じてそれは機械化・化学化で生産力をあげてきたドイツ農業のエコロジー転換を求めるものである。2019年９月には「農林業における気候変動対策」を発表している。農業部門の温室効果ガス排出量6,100万トン（1990年基準量。その内訳はメタンが3,200万トン、亜酸化窒素2,900万トン）を2030年に3,200万トンに削減する計画である（対1990年比で55％削減）。具体的には、①窒素過剰の抑制、②家畜ふん尿や農業廃棄物のバイオガスエネルギー利用、③エコロジー農業の拡大、④家畜飼育での温室効果ガスの排出削減、⑤エネルギー効率の引き上げ、⑥耕地の腐植維持と改善、⑦永年草地の維持、⑧湿地保全と泥炭地の農地利用の削減、⑨森林と木材生産の維持と持続的利用、⑩持続可能な食生活の強化（(a)食品廃棄量の削減や（b）集団給食の促進は、温室効果ガスの削減効果がある）の10項目の対策を掲げた。以上のドイツ連邦政府の「農林業の気候変動対策」については、村田武『家族農業は「合理的農業」の担い手たりうるか』（筑波書房、2020年７月刊）の第Ⅰ章で、その要点を紹介しているので、参照されたい。

　ところで、上の気候変動対策を発表したのは、保守党キリスト教民主同盟のメルケル政権であった。メルケル政権では、環境・自然保護の大臣を社会

【はじめに】

民主党が握るという状況で、温暖化ガス排出を抑えようという政策を積極化することになったのである。そうした動きに拒否的態度をとってきた「ドイツ農業者同盟」（DBV、ドイツ最大の農業者団体であって、メルケル首相の保守党キリスト教民主同盟の最大級の支持基盤）の理解を得るためには、ドイツ農業の将来像を提示することが必要だと判断したのであろう。そこで、メルケル政権が2020年7月8日に閣議決定したのが、「農業将来委員会」（Zukunftskommission Landwirtschaft、以下では、ZKLと略す）の設置であった。構成員は農業団体主流派の「ドイツ農業者同盟」だけでなく、「農民が主体の農業のための行動連盟」（AbL）、「ドイツ酪農家全国同盟」（BDM）、「ドイツ農業青年同盟」（BDL）、「ドイツ農村婦人同盟」（dlv）など農業関係10名のほか、食品産業や消費者、環境・動物保護団体、そして学識経験者などたいへん幅広い33名で、そのうち女性が3分の1を占めるものであった。委員は団体代表でなく個人的な名誉職として無報酬で参加し、委員長のP・シュトローシュナイダー教授はドイツ中世史の研究者であって現代農業の専門家ではない。2021年6月29日には、全会一致の採択文書をメルケル首相に答申している（ZUKUNFTSKOMMISSION LANDWIRTSCHAFT, Zukunft Landwirtschaft. Eine gesamtgesellschaftliche Aufgabe−Empfehlungen der Zukunftskommision Landwitschaft）。答申は180ページにおよぶ大部なものである。

　私たちは、同答申の翻訳チームを編成し、全文の翻訳出版をめざして翻訳作業に取りかかった。当初、ドイツ語版を英語に機械翻訳したものをベースに作業を進めたが、途中で公式英語版があることが判明したため、監訳時の参考資料として利用した。底本とした原文は下記のURLから入手した（2024年7月8日確認）。

ドイツ語原本：

https://www.bundesregierung.de/resource/blob/975226/1939908/2c63a7d6ce38e8c92aa5f73aff1cd87a/2021-07-06-zukunftskommission-landwirtschaft-data.pdf?download=1

公式英語版：

　　https://www.bmel.de/SharedDocs/Downloads/EN/Publications/

　　zukunftskommission-landwirtschaft.pdf?__blob=publicationFile&v=5

　2024 年 3 月に翻訳作業を終え、筑波書房に翻訳権の取得手続きを開始してもらったが、同答申がドイツ食料農業省によるドイツ語と英語によるオンライン公表であって、ISBNを取得しての出版物ではないとことで、日本語への翻訳は認めるが、筑波書房の単独の有料出版物としての販売は認められないとの回答があった。その後、日本の取り組み（第Ⅰ部）と世界の農民たちの運動（第Ⅱ部）を含めた本書の企画が持ち上がり、翻訳の成果を要約して第Ⅲ部として収めることになった。なお、邦訳の全文は、下記のURLに掲載する予定である。ご利用いただきたい

　https://drive.google.com/file/d/12rg38jI5onalEOxfCi3kivi58Jsth5Fg/
view

　全文の目次と翻訳担当者は以下のとおりである。

ドイツ農業の将来──社会全体の課題

農業の将来に関する委員会の提言

ランクスドルフ　2021年

（監訳：溝手　芳計・村田　武）

エグゼクティブ・サマリー　　　　　　　　　　　　（村田　武）

会長（ペーター・シュトロシュナイダー教授）の序文　（村田　武）

A　ドイツ農業の現状

　1　経済的側面　　　　　　　　　　　　　　　　（小松　泰信）

　2　社会的側面　　　　　　　　　　　　　　　　（小松　泰信）

　3　エコロジーと動物福祉の側面　　　　　　　　（豊　智行）

B　提言

　1　目的とガイドライン　　　　　　　　　　　　（溝手　芳計）

【はじめに】

1.1　農業の将来ビジョン

1.2　変革プロセスの12の指針

2　社会的行動分野、政策オプション、および提言　　　（中安　章）

2.1　農業の構造と農業経営の価値創造

2.2　労働力

2.3　世代と多様性の問題

2.4　農業における社会保障

2.5　農村地域と農村空間

2.6　食料と農業に対する社会的認識と評価

2.7　食生活スタイルと消費者行動

2.8　政策と行政

2.9　知識管理と科学的な政策助言

3　エコロジー的行動分野、動物福祉、政策オプションおよび提言

（河原林孝由基）

3.1　気候変動と農業に対するその影響

3.1.1　温室効果ガスの効率化、削減、隔離

3.1.2　気候変動の影響に対する農業生産の復元力^{レジリエンス}

3.2　土壌、水、大気、栄養サイクル

3.3　農業生態系、生息地、および種^{しゅ}

3.4　畜産

4　経済的行動分野、政策オプションおよび提言

4.1　市場　　　　　　　　　　　　　　　　　　（橋本　直史）

4.1.1　農業生産における外部効果の発生回避と内部化

4.1.2　食料システムにおける力関係、独占禁止の問題

4.1.3　市場の透明性、表示制度、および認証制度

4.1.4　有機農業

4.2　農産物貿易における公正な競争条件　　　　（椿　真一）

4.3　公的助成　　　　　　　　　　　　　　　　（椿　真一）

121

```
        4.3.1  共通農業政策
        4.3.2  連邦および州レベルの助成手段
    4.4  技術的進歩                          (山口　和宏)
    4.5  予防は報われる──コストと便益の概要    (山口　和宏)


付録                                          (村田　武)
  1  農業将来委員会の設置に関する閣議決定
  2  手続きに関する規則
  3  将来農業委員会の活動
  4  将来に関する作業部会の検討結果
      ──ドイツにおける持続可能な農業のシナリオ
  5  共通農業政策ワーキンググループの見解草案
  6  略語一覧
```

　なお、目次にある「サマリー」、「序文」および「付録」は、要約中では項目建てしていないが、そこに含まれる重要な情報は、この【はじめに】の説明に取り入れている。

　また、以下の要約のなかにある〔　〕の部分は、訳者の注記である。

(溝手芳計・村田武)

A ドイツ農業の現状

A-1 経済的側面

農業構造：ドイツの農業は、実に多様な農業構造を特徴としている。これはまず、立地の自然条件がかなり異なることを反映しているが、農業生産のための社会構造的（都市と農村など）、経済的（工業化など）、歴史的（相続法など）条件の違いも反映している。たとえば、中小経営が多いドイツ南西部と大経営構造が圧倒的な東部では、かなりの地域差がある。

　さらに、農業構造の変化にも違いがあって、東部ドイツ諸州の農場数はかなり安定しているが、西部ドイツ諸州の農場数はここ数十年、毎年2～3％ずつ減少している。50年前には、旧西ドイツには110万戸強の農業経営があったが、現在はドイツ全16州の合計で26万3,500経営にまで減少している。ドイツ全16州の土地総面積に占める農用地の割合は、1993年以来100万ha以上、3％以上減少している。経営規模の地域差が大きいなかで、経営の平均農用地面積は安定的かつ一貫して増加している。経営規模100ha未満の農場が過去10年間で4万経営減少し、100ha以上経営は3万3,600経営から3万8,100経営に増加した。家畜保有数も数十年にわたり着実に増加している。

　農場が大規模化し高度に専門化する傾向は、農業生産性の向上と資本投入の増大と密接に結びついている。農業構造の変化と農業生産要素間の比率の変化は密接に結びついている。全国の国土面積の約51％を占める農地の賃貸・購入価格は、他の用途（建設・輸送、エネルギー生産、原料採取、自然保護）との競合によって上昇している。また、EUの共通農業政策（CAP）が農地管理を優遇していることや、土地が投資対象としてとくに魅力的であることからも価格が上昇している。2005～19年の農地購入価格の上昇率は204％に達した。農業者にとって、経営拡大や起業に必要な土地を購入したり借りたりすることはますます難しくなっている。

　かなりの地域差があるものの、畜産はドイツ農業のなかで経済的に最も大

第Ⅲ部　ドイツ農業の将来―社会全体の課題

きい部門である。そしてここでも、関係農場数が減少する一方で、農場当たりの平均家畜頭数が増加し、専門化が進むというパターンが繰り返されている。牛、豚、家禽の生産は、販売収入のほぼ３分の２を占め、ドイツ農業の総生産額の半分弱を占めている。これを強調するのは、耕種農業の構造にも影響を与えているからである。耕種農業では、74％の農業経営が、70％の農用地を用いて原料農作物を栽培している。その大半が飼料として畜産に供給されるか、人間の消費に向けられており、ごく一部はエネルギー生産やバイオエコノミー原料〔バイオ燃料用など〕に向けられている。農用地の約半分は草地として利用されるか、サイレージ用トウモロコシのような飼料作物が栽培されており、３分の１が小麦を中心とする穀物栽培地である。全国の約23万haで園芸作物が栽培されている。そのうち野菜栽培は、総面積の0.8％、農業生産額の６％を占め、とくに収益性が高い。果実栽培の中心はリンゴで、次いでイチゴ、さらにプラム、サクランボ、ナシが続く。10万3,000haのブドウ園で、約１万5,800のワイン生産農場がブドウを栽培しており、その生産額は13億ユーロを超える。ちなみに、ドイツ農業の構造的・経済的なウエイトの差が、品目別自給率の高低にも反映されている。ジャガイモ、チーズ、生鮮乳製品、穀物、砂糖、豚肉といった品目では、国内農業が国内需要をまかなっており、他の分野ではそれ以上の生産を行っているものもある。一方、野菜は37％、果実は21.7％と自給率が低い。

農業経営構造：多様な農業経営構造が経済力、就業機会、社会的統合、文化遺産といった社会経済的要因に及ぼす影響は明確ではない。農村地域においても、農業は多くの経済的要因のひとつに過ぎず、少なくとも農業集積地域以外では地域発展への貢献度は低い。農業経営構造が農業部門の安定性と回復力に及ぼす影響も複雑である。特定部門に専門化した大規模農場は、十分な蓄えがない場合には、価格リスクに対してより脆弱になるであろう。また、たとえば季節労働力や世界市場価格といった外部要因への依存度が高いため、特定の危機（たとえば新型コロナウイルス禍や家畜伝染病）に対しても脆弱になる可能性もある。これに対して、経営部門を多角化した農場の場

合は、リスク分散が大きく、ひとつの生産部門で深刻な危機が発生した場合（価格変動や不作など）、多角化のおかげで有利である。また、各生産部門間で利用できる知識や設備が異なるため、個々の経営部門の生産を需要に応じて比較的柔軟に調整できる。

粗収益：市場状況（素材市場やエネルギー市場、土地市場を含む投入財市場、金融市場、農産物・食料市場など）の変化、また作物の収量に影響を与える気象条件は、農場の粗収益に直接影響を与える重要な要因である。これらの要因によって、ドイツの農場の所得は絶えず変動している。農業粗収益の水準と構造にとって重要な役割を演じているのは、ここ数年、経営の追加的収入源を開拓する動きが大きく拡大したことである。全農場の42％が、農産物加工や直売、エネルギー生産などの活動を通じて追加所得を生み出している。

所得：農業所得は大きく変動している。所得状況を改善し付加価値を高めることは、畜産、耕種、園芸において、多様で革新的で、エコロジー的に持続可能かつ実行可能な農業の推進を保証し、さらに発展させることに貢献する。所得を労働力1人当たりの純収益＋人件費と定義した場合、2009〜20年の所得は2万3,600〜3万5,900ユーロであった。農場の経営類型別で見ると、所得水準とその経年的な発展には非常に大きな幅がある（酪農を除く畜産経営では約2万3,000ユーロ、養鶏など加工型畜産部門ではほぼ7万3,000ユーロ）。農場の規模に関しても同様で、農場が大きいほど労働力1人当たりの平均所得は高くなる。全体として、それは過去10年半の間にわずかな上昇傾向（名目年率1.93％、実質年率0.56％）が観察される。

　農業所得には、EUや連邦政府、州政府からの支払いも含まれる。とくにCAPの面積割り直接支払いは農場の種類によって大きく異なり、農業所得にとってかなり重要である。過去3年間（2017〜19経済年度）の公的支払いの純収益に占める割合は、全農場で平均40％であった。その割合がもっとも高いのは、酪農を除く畜産経営（69％）と耕種経営（64％）であり、もっとも低いのは面積当たり付加価値がとくに高い経営（果樹栽培11％、ブドウ栽培7％、野菜園芸2％）である。さらに、連邦政府と州政府が「農業構造改

善と海岸保全のための共同課題」（GAK）の一環として交付する個々の経営の投資向け補助金や、条件不利地域対策の平衡給付金や農業環境対策支払いなどがある。2019経済年度において、これらの支払いや補助金は経営粗収益の10.4％、労働力1人当たりの所得の49.5％を占めている。東部ドイツの農場は経営規模が大きいために、1経営当たりの平均支払額ははるかに大きい。さらに、ここに列挙した農業関連の支援手段に加え、現役の農業者とその家族は、農業福祉制度にもとづく国の補助金によっても支えられている。さらに、税法上の優遇措置や簡便化（相続法、農用ディーゼル燃料税減税、自動車税など）を得ている。

　ドイツの全農業経営の95％では、固定給を受けない家族が農業で働いている。彼らの所得、ひいてはその農家世帯の所得は、1955年の農業法にもとづいて、勤労者賃金に相当する賃金、すなわち「比較賃金」が得られるものとして算出されている。これによると、2009〜17年度に、固定給を受けない家族労働力のうちで比較賃金を得たのは、わずか3分の1の年次にすぎない。経営の分割、経営分野の多様化（たとえば再生可能エネルギー分野など）、その他収入（その他の営業や賃貸など）は、この計算には反映されていないか、反映されているとしても十分ではない。全体として多くの農業世帯の実際の所得は、過小評価される傾向にある。

　農業の被雇用者の所得状況は芳しくない。熟練労働者（2018年平均：月額約2,030ユーロ）も非熟練労働者も、正規雇用労働者の平均賃金（2018年：同約3,000ユーロ）を大幅に下回っている。とくに畜産部門の平均賃金は低い。この全般的に不利な賃金状況は、賃金統計の低い数値にも反映されている。すなわち、2018年、ドイツでは被雇用者の約5人に1人が低賃金であった（21％）。農業、林業、漁業の被雇用者の低賃金率は54％で、前述した被雇用者の2倍以上となっている（ただ接客業の場合の低賃金率はさらに高く67％）。

バリューチェーン：生産構造と同様に、食料システムにおける加工・販売構造も非常に多様で、集中の度合いもさまざまである。しかし、これは1950年

代から大きく変化している。たとえば食品加工業の企業数は90％も減少した。農産物原料や食料品の販売経路は、食品卸売業者や小売業者への直接販売、食品加工業や食品取引業、公共給食やレストランへの販売から、欧州や海外への輸出まで多岐にわたる。また、契約関係（例：酪農部門の協同組合）、市場に出せる状態になるまでに食料品が加工される度合い、関与する加工段階の数（例：牛乳と食肉のバリューチェーン）、さらにはさまざまな外部影響要因（国際市場、天候）にも大きな違いがある。食料品サプライチェーンの一般的なモデルは、「川上部門－生産－加工－販売（国内外）」となる。実際には、生産部門や組織化の程度に応じて、生産者組合、農産物小売・卸売業者、輸出業者など、さらに中間段階が加わる。産品がバリューチェーンを通過する際に、販売価格や購入価格の設定に関与する契約相手が多ければ多いほど、チェーンの始点と終点との間の関係が複雑かつ間接的なものになることは明らかである。農業は、こうしたバリューチェーンのなかで重要な位置を占めるにもかかわらず、その地位は数十年前から弱くなっている。50年前には食料品販売額のほぼ半分が農業に支払われていたが、この15年間は20〜25％にとどまっている。その減少は、植物性原料の生産と畜産加工の両方に影響を及ぼしている。一方では、生産における生産性の向上、多様化する農業と川下段階との間の市場の非対称性、競争状況の変化によって、そうした動きは説明できる。他方で、食品産業による農産物の加工レベルも上昇しており、販売額に占める食品産業の割合の上昇につながっている。同時に、バリューチェーンの全体像を把握するためには、消費者の食料品支出の割合も考慮しなければならない。1950年には、ドイツの一般家庭は支出の約44％を食品、飲料、タバコに費やしていたが、50年ほど前にはそれが25％、2020年には15.5％となっている。

　農業者は以前から、とくに食料品小売業者との間で、フードチェーン内での地位強化を求めて闘ってきた。2021年５月にドイツ連邦議会で可決された「農業セクターにおける組織とサプライチェーンの強化に関する法律」（AgrarOLkG）は、食品セクターにおける不公正な取引慣行に関するEU指

令2019/633（UTP Directive）のドイツ国内での施行を定めたものである。AgrarOLkGは、もっとも有害な取引慣行を禁止し、食料品サプライチェーンにおける契約・供給関係の公正性を高めることを目的としている。AgrarOLkGの内容のひとつは、独立したオンブズマン事務所の設置である。このオンブズマン事務所は、他者からの指示に縛られることなく、食料品サプライチェーンにおける不公正な取引慣行や価格の影響を受けるすべての人々が、たとえEUの国境を越えても、匿名で秘密裏に相談でき、まだ法律でカバーされていない新たな不公正な取引慣行を報告することもできる。同法の最初の評価期間中に法の有効性を評価し、必要であれば手直しが求められる。

　ドイツの農業・食品加工部門では、生産総額の約３分の１、売上総額の約３分の１といった規模で輸出されている。このため2019年には、ドイツはアメリカ、オランダに次いで世界の農産物輸出第３位の輸出大国となった。輸出品目には、とくに乳製品や穀物製品、菓子類、タバコ製品、アルコール飲料が含まれる。食肉と食肉製品も比較的重要であり、2019年にはドイツ国内での販売が困難なもの（豚の耳、豚足、鶏の足など）を含め、これらの国内生産品のほぼ半分、98億ユーロが輸出されている。

　しかし、全体的に見ると、ドイツは農産物や食品の輸出よりも輸入の方が上回っている。輸入面でドイツは世界で第３位を占めており、食料品では、とくに果実や野菜、それに家畜飼料が輸入されている。

有機農業：有機農業の著しい成長（過去10年間で41.3％増）によって、農業活動においてその重要性が増している。EU有機規則の規定によれば、ドイツでは13.5％の農業経営が、農用地面積の10.3％で有機農業に取り組んでいる。政策的な戦略としては、2030年に有機農業の目標をドイツ政府は20％、EUの「農場から食卓まで」（Farm-to-Fork）戦略は25％に設定している。

　有機農業は現在、栽培、認証、マーケティングを含む唯一の統合的農業モデルであり、特筆に値する独自の市場を持ち、非常にダイナミックである（現在の年間売上高は約1,500万ユーロ）。また、そのプロセスの質が正確に

定義されているので、市民は購買行動において、農業に対する具体的な要求を実現できる。

　消費者の需要の高まりとともに、CAPの第2の柱からの支援によって、このバリューチェーンで生計を立てる農業者の数は着実に増えている。直売、連帯農業〔CSA（地域支援型農業）のドイツ版〕、あるいは「地域価値イニシアティブ」〔2006年に園芸農業者クリスチャン・ヒースが西南ドイツのフライブルク近郊で始めたもので、地域の有機農業経営だけでなく、中小食品加工・流通業者、レストランまで一体的に投資し、地域の価値を高めようという市民運動〕などの運動が、とくに有機農業のなかで台頭している。

経済的意義：農業・食料セクターでは、約70万経営、470万人の就業者が、食料と非食料目的の植物性原材料の供給を担っている。農業就業者は食料品バリューチェーン全体の就業者の12%を占めている。つまり、農業での仕事がひとつとすれば、その川上・川下部門では7つの仕事があるということである。農業と食料品部門全体が2019年に生み出した生産額は推定4,990億ユーロで、これは経済生産額全体の8％に相当する。

　農業会計報告によると、全国の農業生産額だけで年間約550億〜 600億ユーロ、中間投入物を差し引いた粗付加価値額は約200億ユーロと推計される。川上・川下部門を含む農業・食料システム全体の、経済全体の粗付加価値に占める割合は約6.6%である。

　このことからもわかるように、経済全体に占める農業システムの相対的な地位は、数十年前から低下している。しかし、農業部門による投入資材（種子や苗、肥料・農薬、医薬品、技術インフラなど）の需要はとくに流通、手工業、工業、商業の中小企業にも恩恵をもたらしている。食品産業用の食材や加工原料に加え、農業部門はバイオマス、風力、太陽光から再生可能エネルギーを生産するようになってきている。2019年には、全農地の約14%にあたる約230万haでエネルギー作物が栽培されており、そのうち150万haでバイオガス用植物が、80万haでバイオ燃料用植物が栽培されている。さらに、農業は、文化的景観や動植物の生息地の保全にも貢献しており、多くの地域

第Ⅲ部　ドイツ農業の将来—社会全体の課題

で景観を維持し、ホスピタリティ産業、観光業に必要な環境を維持している。

A-2　社会的側面

農業労働：技術開発、資本投入の増加、高い労働コストと比較賃金により、農業の労働生産性は大幅に向上し、必要な労働力はますます少なくなっている。農業ではもはや、連邦共和国成立時（1949年）のように労働人口の4分の1が就業しているわけではなく、2％足らず（93万6,900人）にすぎない。この割合は、〔とくに1990年東西ドイツ再統一で、旧東ドイツでの減少が大きかったことを反映して、〕1999年から2020年にかけて約35％近くも減少した。これは、主に家族労働力の急激な減少（54％減）によるものである。季節労働者の数も過去20年間に減少し、わずか10％になった。対照的に、家族労働者以外の常用労働者数は大幅に増加している（17％増）。このグループは1999年には全農業就業者の14％を占め、2020年には24％になっている（71％増）。2020年の労働力構成は、就業者数（フルタイムかパートタイムかを問わない）でみると以下のようになる。家族労働力47％、非家族常用労働者24％、季節労働者29％である。パートタイムの雇用者もいるので、労働力単位（フルタイムでの就業者の労働量）ベースで労働力構造を見ることも意味がある。2016年では家族労働力が55％、常用非家族労働力が34％、季節労働力が11％である。

　多くの女性が農場の追加所得源となる部門を担い、農場外で働くことで家計所得に貢献している。多くの場合、女性は農場における技術革新の推進役であり、経営の新たな方向転換や、近代化、多角化において、しばしば重要な役割を果たし、家庭でも農場でも大きな責任を担う中心的存在となっている。子どもたち（幼稚園や学校）を介して、夫よりも村の非農業人口と接する機会が多く、したがって近隣住民や一般住民の関心事や悩みを耳にする機会も多い。彼女たちは地元で、現在の農業がどんなものか、農業とは何かを説明する重要な役割を担っており、他方で、隣人や非農業住民の関心事を知ることで、農業のやり方の変化のプロセス、ひいては「橋渡し」に貢献する

ことができる。にもかかわらず、農業や農業関連産業においては、男性優位の構造が支配的である。

　農業労働で最後に留意すべきは、農作業の一部が外注、すなわち購入されていることである。2020年には、2,060万労働日が請負業者、マシーネンリンク、その他の外部サービス業者によって担われており、農場就業者の労働のほぼ5分の1に当たる数字が加算されることになる。

季節労働力：とくに野菜・果樹生産では、収穫作業で季節労働力が不可欠である。彼らはしばしば低賃金国から一定期間ドイツにやってくる。このような季節労働力の重要性は、少なくとも低下することはないだろう。というのも、前述の生産工程を拡大することが、地域の食料供給を向上させるという理由だけでも必要だからである。

　最低賃金法や派遣労働法といったいくつかの法的規制は、季節労働者の労働条件を全体的に改善した。しかし、季節労働者は依然として非常に低い賃金で、労働時間、宿泊施設、健康と安全の面で問題のある条件で雇用されていることがある。ただ、労働条件が劣悪だといううわさが季節労働者の間で急速に広まっており、多くの農場が、信頼できる季節労働者を確保し定着してもらうには、より良い条件を提供する必要があると考えるようになっている。2021年1月1日にほぼ施行された「労働安全衛生の実施を改善するための法律」（「労働安全衛生管理法」）によって、季節労働者の労働条件が改善されることが期待される。

農村地域：農村地域はそれ自体が経済圏であるだけでなく、都市中心部の住民の静養所でもある。しかし、農業、農村地域、農村社会という古典的な三位一体は消滅した。今や農業は、農村地域におけるいくつかの経済的要因のひとつにすぎない。したがって、農業が農村の社会状況に影響を与えるかどうか、またどの程度影響を与えるかは、当該地域における農業関係者を含む個々のアクターの活動、およびネットワークに依存する。

　住みやすい農村地域づくりにとって重要なのは、国が整備する充実したインフラである。同様に、献身的で革新的なアクター（個人、団体、企業な

第Ⅲ部　ドイツ農業の将来─社会全体の課題

ど）や自治体の構造も、社会的結束の場を創出するために必要である。

　持続可能な地域発展は、政府のさまざまな施策によって支えられている。たとえばLEADER〔EUのボトムアップ型農村開発事業〕や総合的な農村開発推進のために市町村自治体の連携を支援する地域予算のような、欧州農村開発農業基金（EAFRD）からの資金提供がこれに含まれる。

農業と社会：農業の社会に対する期待や要求、逆に農業に対する社会の期待や要求が、だんだん頻繁に、そして激しく分極化して公の場で議論されるようになっている。

　たとえば、農業の構造変化は、他の部門よりも懐疑的にとらえられることが多い。場合によっては、農業は農業者自身だけでなく、社会からも特別な役割を果たしているとみなされることがある（農業例外主義）。一般的な認識では、農場数の減少と農場規模の着実な拡大（より大きな面積と家畜、「工業的農業」）は、むしろ否定的に捉えられている。およそ好ましいものとされているのは、小規模で地域に根ざした弾力性のある食料システム、農村地域における雇用と多様性の維持や、文化的伝統や倫理的に責任のもてる動物のあつかい方である。

食生活行動：ドイツでは広範なカテゴリーの多種多様な商品によって食品の継続的な供給が保証されているので、消費者は特定の食生活ニーズに合わせた安全な食品を手頃な価格で選ぶことができる。さらに、食品は単なる食べ物ではなく、文化的資産であり、アイデンティティの源泉でもある。ドイツでは、社会の相当部分が、すでに「責任をわきまえた食事」ともいうべき「21世紀型食生活」を展開している。そこでの主な動機は、味、利便性、健康、持続可能性（気候保護や動物福祉を含む）である。

　このため、個々の食品カテゴリーにおける要求が変化し、その相対的な比重も変化しており（たとえば、肉の消費はわずかに減少し、植物由来の代替食品の消費が増加している）、ついには有機農業のような多様な生産システムの確立につながっていく。

　消費者の大多数は、持続可能で高品質な食品を求めている。食品を購入す

132

る際には、価格だけでなく、公正な生産・栽培条件、高い環境・動物福祉基準、有機栽培、地元での旬の生産などが非常に重要な基準となっている。欧州消費者団体BEUCの調査によれば、消費者の3分の2は、環境保護と持続可能性に貢献するために食生活を変える用意があるという。こうした意識は、ある程度購買行動にも反映される。とくに若い世代の消費者の間で、新鮮なもの、オーガニックなもの、地域産品のほか、ベジタリアンやビーガン〔ベジタリアンのうち、肉類だけでなく、卵や乳・チーズ、ラードなど動物由来の食品を一切とらない人〕向けの食品、動物性食品に代わる植物性食品への嗜好が高まっている。しかし同時に、消費者の意思表明と実際の購買行動の間には、なおギャップがあることも考慮しなければならない。このギャップは適切な措置によって縮小されるべきである。

〔健康的な〕食生活に向けて明らかな変化の傾向が見られるとはいえ、ドイツの健康モニタリングの結果は対策の必要性を示している。たとえば、ドイツの平均余命は数十年前から大幅に伸びている（1970年代以降、10年ごとに2歳以上）が、最近、この伸びが鈍化しており、EU諸国との比較では、ドイツの平均寿命は平均的な数値にとどまる。疾病のなかにはその発生が生活習慣によって左右されるものもあるため、疾病を減らすには総合的な一次予防がとくに重要である。バランスの取れた食事、過体重・肥満の回避、そして微量栄養素の十分な供給は、定期的な運動とともに、このような疾病の発生を遅らせたり、予防したりするのに役立つ。2000年代半ば以降、ドイツでは予防策がだんだん講じられるようになった。青少年の過体重と肥満の蔓延は、過去10年間、高いレベルにとどまっている。したがって、予防対策は、早期に開始するほど大きな効果を発揮するものであるから、児童と青少年にとくに焦点を当てた予防的アプローチを継続的に推進することが重要である。このことは、周産期〔分娩前後の時期〕医療プログラムや社会調査の分野での知見からも裏づけられている。しかし同時に、ドイツの栄養・健康モニタリングの結果は、社会経済的な（そして部分的には文化的な）関連性を指摘している。支援の必要性が最も高い集団の人々こそ、取られた措置からこれ

第Ⅲ部　ドイツ農業の将来─社会全体の課題

までほとんど恩恵を受けていないのである。

A-3　エコロジーと動物福祉の側面

　自然条件は、その地域における農業経営の可能性を決定するうえで非常に重要的な役割を果たす。一部の地域を除き、ドイツは肥沃な土壌、現在のところ穏やかな気温、十分な降水量により、農業生産に適した場所である。同時に農業は、耕作地だけでなく、場合によってそのはるか外側の環境にも影響を及ぼしている。近年、一般社会の議論において、気候、水質、生物多様性の問題を筆頭に、このような相互依存関係がますます注目されるようになった。

気候：農業は気候変動と密接に関係する。一方では、農業活動は温室効果ガスを排出し、他方では、農業は人間が誘発した気候変動の影響をじかに受け、多くの場合、マイナスの影響を受ける。さらに、ある種の栽培形態は、温室効果ガスを恒久的に隔離するうえで大きな可能性を秘めている。

　ドイツでは、2020年に二酸化炭素換算値（以下では「CO_2-e」と略す）で合計7億3,950万トンが排出された。温室効果ガス報告システムによると、その9％に相当する6,640万トンが農業部門から排出されている（CO_2-e 6,040万トン ＋ 農業関連エネルギー排出CO_2-e 600万トン）。これらの排出量は、1990年（CO_2-e 7,700万トン）から2006年（CO_2-e 6,200万トン）にかけて減少し、その後2014年にCO_2-e 6,600万トンにわずかに増加したが、それ以降は再び微減に転じ、2006年レベルまで減少している（2019年：CO_2-e 6,200万トン）。この他に耕地と草地の土地利用方法の変更によるものが4.4％ある。1990年では、この部分では約CO_2-e 4,100万トンが記録された。この数値は、2020年までにCO_2-e 約3,240万トンに下がっているとみられる。このため、農業はドイツの総排出量の13.4％（農業9％、農業的土地利用：耕地・草地の土地利用転換4.4％）を占めることになる。ここでは輸出入による影響（たとえば飼料用大豆の輸入など）は含まれていない。温室効果ガスの最大の排出源は、畜産と施肥である。反芻家畜は消化の際に、気候変動を引き起こす

メタンを排出する（2020年の排出量はCO_2-e 2,320万トン）。これは農業からの総排出量の約38.4％を占める。さらに、糞尿の貯蔵と施用からの排出もある（2020年：CO_2-e 860万トン）。窒素施肥（鉱物と有機の両方）の結果として農業土壌から排出される亜酸化窒素は、2020年にはCO_2-e 2,440万トンとなる。

連邦政府の「気候保護計画2050」は、農業からの温室効果ガス排出量と農林水産業に直接関連するエネルギーからの排出量を、2030年までに1990年比で31〜34％削減することを想定している。これは、2030年時点でCO_2-e 5,800万〜6,100万トンの排出量に相当する。さらに、永年草地の保全や泥炭地土壌の保護を通じて、生態系の炭素貯留能力を維持・向上させることも目標として掲げられている。

2019年連邦気候保護法では、農業部門の目標をCO_2-e 5,800万トンと定めていたが、連邦政府が2021年3月24日の連邦憲法裁判所の判決に対応して行なった今回の同法の改正では、部門目標を5,600万トンと定めている。農業部門における2030年気候保護プログラムで採用された気候保護施策には、アンモニア排出量の削減や亜酸化窒素排出量の重点的削減といった窒素過剰の削減、畜産由来の糞尿の発酵強化、有機農業の拡大、畜産における温室効果ガス排出量の削減などが含まれる。さらに、腐植の維持・増強などを通じて、潜在的な炭素貯蔵能力の増進を図るとされている。

土壌：土壌は農業生産の基盤である。土壌は多くの微生物の生息地である。微生物は有機物を分解し、土壌をほぐすことで、健康で肥沃な土壌の形成に貢献している。同時に、次には耕作が当該の土壌とその肥沃度に影響を与える。これには、土壌侵食、土壌の生物多様性、土壌の圧縮、土壌中の汚染物質など、さまざまな側面がある。

土壌の生物多様性は、特定の耕作形態によってはプラスの影響を受けることもあるが、広く行なわれている一部の営農活動によってダメージを受けることもある。たとえば、農薬や養分過剰は、悪影響を及ぼす恐れがある。土壌圧縮や深耕も同様である。土壌の生物多様性は体系的な記録・評価がなさ

135

第Ⅲ部　ドイツ農業の将来―社会全体の課題

れていないとはいえ、複数の研究が等しく否定的な結果を示している。

　営農由来のものを含め、栄養塩過剰は、地表水や地下水域の水質への負担となり、生態系における栄養塩レベルの上昇につながる。低栄養レベルでは、より多くの種が比較的少ない個体数で発生するため、種の数や生物多様性に良い影響を与える。一方、同じ環境下における高い栄養塩レベルや肥料の乱用は、生物多様性に悪影響を及ぼす。なぜなら、競争力の弱い特殊な種が、少数の他の種に取って代わられ、その結果、後者の個体数が多くなってしまうからである。この点で、ドイツの現状は満足できるものではない。2015年には、影響を受けやすい生態系の面積の68％が、過剰な窒素投入によって脅かされていた。営農による窒素過剰は、全体のバランスにおいて減少傾向を示している。1992〜2016年の間に、余剰窒素の5年間移動平均値は、農用地1ha当たり年間116kgから93kgに減少した。ドイツ政府の持続可能性戦略では、1ha当たり年間70kgを目標としている。そのため、欧州委員会の「農場から食卓まで」戦略では、2019年の目標として、土壌肥沃度を維持しつつ、2030年までに栄養損失を50％抑制し、施肥量を20％削減する計画である。

　土壌汚染物質の発生源のひとつは営農活動である。厩肥や下水汚泥の散布によって、植物の要求量を超える栄養分やその他の残留物（医薬品、マイクロプラスチックなど）が土壌に入り込む可能性がある。

　過度の土壌圧縮は、吸水能力、水侵食に対する抵抗力、土壌微生物の生存環境、ひいては肥沃度など、土壌の有益な各種特性を制約する効果を持つ。土壌圧縮の原因のひとつは、耕耘と農業用重機の使用である。土壌圧縮の程度と進行具合に関する全国的な統一測定結果は存在しない。連邦各州のスポット測定と構造調査から、耕作可能な土地の約10〜20％に圧縮による事実上の障害が存在するという結論が得られている。

水量：2015年、ドイツで水量に問題のある地下水域はわずか4.2％だった。6年後の2021年には様変わりしている。2018年と2019年は気象記録が始まって以来もっとも降水量が少なかった年であり、2020年もドイツの大部分で異常に雨が少なかった。EUでは、異常気象（主に干ばつ）による経済損失は

136

すでに年平均120億ユーロを超えている。ドイツで年間に得られる淡水の約1.4％を灌漑に使用している農業はその影響を受ける。

水質：EU水枠組み指令は、ドイツの水質に関する報告を義務づけている。これによると、地下水域の35％弱が化学的状態が悪いとされている。この状態の80％近くは、農業による過剰な硝酸塩の投入が原因である。農地に立脚しない集約的畜産と果樹・野菜栽培が、とくにこの原因となっている。表流水においても、特定の物質、とくに硝酸塩とリンの投入は、主に農業に起因している。表流水や沿岸水域、海域への流入分のうち、硝酸塩の場合は75％、リンの場合は50％がこれに該当する。

　したがって、これまでの対策は十分ではなかった。EU硝酸塩指令の実施に関する最新の報告期間（2016〜2020年）では、全国から選択された地下水モニタリング地点の17.3％、農業地域の代表的な地下水モニタリング地点の26.7％で許容含有量が遵守されていなかった。これはまた、すべての水域で農業による硝酸塩の投入を削減し、硝酸塩の最大含有量を年間・1リットル当たり50mg〔50ppm〕で維持し、水質の富栄養化を防ぐというEU硝酸塩指令の目標も達成できていないことになる。

　それにともない、欧州司法裁判所は2018年、ドイツが硝酸塩指令の規制に違反しているとの判決を下した。対策が講じられていたにもかかわらず、十分な事後管理が行われていなかった多くの場所で、地下水が過剰な硝酸塩で汚染されていたからである。さらに、肥料や廃水処理施設から出た窒素やリンなどの栄養塩が各水域や海にまで流入している。EU硝酸塩指令を実施するために昨年施行された肥料条例（DüV）の改正、河岸線の緑化を進める水資源法の改正、および硝酸塩汚染・富栄養化地域の指定（AVV地域指定）に関する一般行政規則によって、連邦政府はEU硝酸塩指令の要求に対応した。全国的な規制強化に加え、とくにDüVの措置は、たとえば、これらの地域に位置する農業経営について、単位面積当たり平均の窒素施肥量を計算上の窒素施肥必要量より20％低く抑えることで、硝酸塩汚染地域の地下水保護に貢献することを意図したものである。

大気：農業由来のいくつかの大気汚染物質について、近年、前向きな進展が見られる。たとえば、二酸化硫黄や窒素酸化物、非メタン炭化水素、粒子状物質の排出量は、2005年と比較して2017年までに25％減少した。一方、アンモニアの排出量は、その95％が農業由来のものであるが、わずかな減少にとどまっている。アンモニアの70％以上は畜産から発生する。この汚染物質は、バイオガスプラントのメタン発酵消化液に由来するものが増えている。アンモニアはそれ自体が大気汚染物質であるが、さらに微細な粉塵を発生させ、酸性化や富栄養化にもつながりかねない。2015年には、ドイツの陸上生息地の４分の１が危険にさらされていた。酸性化ポテンシャルに占める農業の割合（農業土壌からのアンモニアと窒素酸化物の排出）は、1990年の16％強から2017年には54％近くまで上昇した。ドイツのアンモニア排出量は、長年にわたり欧州NEC指令〔「特定の大気汚染物質の国家排出上限に関する指令2001/81/EC」〕の制限値を超えている。したがって、2030年までにアンモニア排出量を、2005年対比で29％削減するという目標は、非常に大胆なものであるといわざるをえない。

生息地、景観構造、種：20世紀半ばまで、農業土地利用は生息地の多様化に貢献し、その結果、複雑な農業生態系が展開した。ところが近代的、あるいは高度に機械化された営農は、農業管理単位の規模が拡大することによって、景観の構造や生息地（生け垣、圃場の側帯、雑木林など）の喪失、生物多様性や自然のバランス劣化、環境全体のモノトーン化につながっている。耕作の集約化、養分投入や植物保護剤の使用、草地の耕地への転換や耕地への鍬入れ頻度の増加、条件の悪い農地の放棄、そして〔都市〕開発によって土地を密閉する過剰な社会的土地消耗、これらとあいまって、あらゆる種や自然保護の目的に反するこのような環境操作が、生物種や個体群の劇的な損失をもたらすこともある。生態系における生物多様性の重要性を考えれば、このような事態は否定的にとらえられなければならず、社会的に農業セクター全体に対する批判が高まっている。今日の農業環境における生物多様性は明らかに減少傾向にある。合計75種類の草地ビオトープのうち83％が絶滅の危機

にさらされていると評価されている。野生動植物の自然生息地（FFH）の保全に関する1992年5月21日付けEU理事会指令92/43/EEC号に基づく生息地タイプと種の保全状況の評価では、草地の生息地タイプの55％と、そこに生息するFFH指定種のほぼ3分の2が、好ましくない保全状況であるとされている。このように、農業優勢地域の種の保全状況は、全地域の生息地よりもさらに悪化している。自然価値の高い農地（HNV）指標は、自然価値の高い農地に配慮するものである。2009〜2017年の間に、HNVの割合は13.1％から11.3％に減少した。ドイツの持続可能性戦略の一環として調査された指標「生物多様性と生活の質」も、農業景観の2030年の目標値100％にはまだ程遠く、現在の値は目標値の59.2％にとどまっている。

動物福祉：とくに高度に集約的な畜産が行われている地域では、環境や自然への悪影響が明らかである。さらに、畜産では動物自身にも悪影響がおよぶ可能性がある。こうしたものとしては、刺激に乏しく窮屈な飼育環境（母豚用の箱型ストールなど）から、品種改良や給餌をつうじた家畜のパフォーマンス引き上げの結果生じる健康被害に対していわゆる非治療的医療処置（子豚の去勢や尻尾切り、家禽の嘴カットなど）で家畜を飼育環境に適合させていくことまで、その範囲は多岐にわたる。畜産はかなりの調整を余儀なくされており、政策立案者に対する動物福祉の改善を求める市民社会の圧力も強まっている。また、さまざまな理由（動物福祉、健康、気候保護など）から、食生活における動物性食品の消費を減らす、または拒否したりする人々も増えている。憲法が動物福祉を国家目標に据えていることを背景に、持続可能な畜産は社会的許容水準を達成するにとどまらず、規範的・倫理的根拠にもとづいて絶えず議論していかなければならない。

第Ⅲ部　ドイツ農業の将来─社会全体の課題

B　提言

B-1　目的とガイドライン

1.1　農業の将来ビジョン

　ZKLは、将来の農業・食料システムに関する以下のビジョンを指針とする。これは、ZKLにおいてドイツ農村青年連盟とドイツ環境自然保護連盟青年部を代表するカトリーン・ムースとミリアム・ラピオールが、委員会のために作成したものである。委員会設立時のZKL決議において求められたさまざまな価値観（エコロジー、経済、社会の諸側面において持続可能であること）を踏まえて、望ましい農業・食料システムの姿が描かれている。しかしながら、将来の段階ごとに多くの側面が存在し、それらは、社会、農業、政治に対する多様な要求と結びついている。

共有すべき農業の将来ビジョン

専門職業と経営

　ドイツ農業は国民への食料供給に貢献する。農業者は、社会、すなわち市民や社会的諸機関（企業、団体、政党、科学、宗教など）から、食料を生産するとともに、環境保護、自然保護、動物福祉に有益な貢献をするものとして、正当に評価される。農業者による食料の生産と供給は、世界の平和と繁栄の基盤を形成し、したがって社会の安定にとって重要な要素になる。農業という経済部門は、食料安全保障の基本的な任務を担い、人々の生活を保障するものとして、社会と大きく関わるものとなる。

　農場は社会的かつエコロジー的責任を負う経営である。農業者は自立して働き、自らの責任において事業を管理する。農場の企業的活動には、各自の判断で資源や投資、生産、労働力を投入することが含まれる。農

140

業者は、科学的に妥当で、環境や気候にやさしい、専門的で未来志向の優れた営農活動を実践する。

ドイツ農業は多様である。かなりの農場は専門化しているが、多角的な経営を行う農場もある。社会は農業を偏見なく見つめ、農業と社会は結束を守る。農業者は仕事を楽しみとし、公正な条件のもとで働く。彼らの所得はドイツの平均所得と同程度となり、農場で稼ぎ出されることになる。生産者価格は、多数のものが競い合う公正市場において、社会全体の関係者が参画できる形で決定される。その目的は、農業者とその家族が、確実に公正な賃金と良好で安全な労働条件を享受できるようにすることである。農業における被雇用者は公正な賃金を受け取り、良好で安全な労働条件のもとで働くことができる。

農場数が安定し、増加していくことが望ましい。農場構造の多様性が維持される。農場の継承は、家族内か、家族外でおこなわれるかに関係なく、優先事項として社会や政治によって支援される。国家は農業起業の機会を活かせるよう支援する。若い農業者には優先的に土地利用権が与えられる。

環境、自然、気候

農業は環境、自然、動物の保護に貢献するものになる。再生可能な土地利用を通じて、水や土壌、大気の質はもとより、人間や動物の健康が維持、改善される。

気候保護に効果的に貢献する農業部門や営農行為が拡大し、農場はそれをうまくやれるようになる。将来性に優れ、気候に優しい農場への転換は、引き続き公的支援を受ける。

生物多様性は生態系が機能するための基盤であるから、基本的なものと認識され、保全される。生物多様性を増進する活動、とくに昆虫の保護がルールとなる。農業景観は構造的な多様性を特徴とする。したがって、農業地域には、顕花植物区域や生け垣、緑地帯などの相互に連結し

第Ⅲ部　ドイツ農業の将来─社会全体の課題

たビオトープ構造が含まれる。

　これまでアグロフォレストリー構造が拡大されており、開発による人
工構造物が今以上の面積に増えることもない。泥炭地は公的資金により
大部分が再湿地化され、影響を受ける農場の長期的な見通しが保障され
る。腐植の増加、それぞれの地所に適合した多種多様な品種、バランス
の取れた輪作、そして豆類や間作物の利用によって、農業が気候保護に
有益な効果をもつようになる。農業者は侵食を避けるため、継続的な土
壌被覆に努める。

　可能であれば、現存するスラリーや糞尿を肥料として使用し、追加的
な無機質肥料の施肥なしで済ませる。作物栽培中の合成肥料や化学農薬
の施用を他の適切なやり方に変えられるように政府の研究を進める。

　農業は気候に優しく復元力に富んだ生産方法への移行に向けて支援を
受ける（たとえば、独立した気候相談機関を通じて）ことで、地球温暖
化の影響に備えることができる。営農活動の中で気候に優しい効果をも
つ農業が確立され、それは農業者に新たな所得機会となり、ビジネス部
門にさえなる。

　あらゆる経済部門が生態系に責任を負うようになる。経済部門間の結
合は、環境保護面でもビジネス上でも相乗効果を生み出すので、そうし
た効果がうまく整合化され、資源の効率的利用に役立てられるようにな
る。

経済的条件

　農業者が対応する市場は公正なものになる。食料生産部門はもとより、
加工品の生産・流通部門でも、販売においては市場関係者の力のバラン
スがとれた状態になる。一方が優位に立つ寡占や独占の形成は、政策や
立法によって阻止される。ドイツ農業は良好な所得機会をもち、市場内
で公正でわかりやすい情報を入手できるようになる。不公正な取引慣行
は、法律によって確実に防止される。

142

B 提言

　農業者の活動は透明性が高く、それらの活動に関わる情報は容易に入手できるものとする。農業者はその活動が社会的評価を受け社会的に認知される。

　農業バリューチェーンの川上・川下部門との提携が公正に組織され、地域内での加工とマーケティングが重視される。地域を超える広域的な取引は、地域内構造を補完しつつ、経済的な活動領域を拡大するものとなる。

地域性

　ドイツの農業・食料システムは、その大半が地域的な循環のなかで機能する。食品はなるべく地域で加工され、農産物の輸送エリアはできるだけ狭いものとされる。これを可能にするため、たとえば食品の加工やマーケティングの地域内構造が強化され、それを妨げる杓子定規な法的なハードルが下げられ、効果を失う。

　学校や公共団体、病院、社員食堂などの公共・民間施設で、健全な地産の有機食材を提供することにより、これらの食品に対する地域の需要が増強される。これにより、農業者は市場で確実に売れる量を確保できるようになる。

　物質とエネルギーの循環がほぼ閉鎖的となり、生産、消費、廃棄物処理から生じる物質と栄養素は大部分が地域内で循環することになる。

食生活と消費者

　国民すべてが品質のよい食品を手に入れることができ、世界中で誰一人として飢餓に苦しむことがなくなる。人々は健康的でバランスのとれた食生活を送れるようになる。社会が食料に高い価値を置くのでそれが無駄にされることはない。

　国民は食品の生産過程を知っており、農業者の仕事についても教えられている。そのため、消費者は食品の産地や生産方法に大きな関心を寄

143

第Ⅲ部　ドイツ農業の将来—社会全体の課題

せ、地元産品の消費が増える。わかりやすくて信頼のおける表示制度が、こうした消費者の行動を後押しする。動物性食品の消費は健康的なレベルに達しており、環境、気候、自然、動物福祉と調和するものとなる。

職業訓練と農業への参入

　男女を問わず、若者が農業関係の職業に就きたがるようになる。彼らは、就農時や、あるいは農場の承継ないし事業の立ち上げによって独自の事業を始める際に支援を受ける。

　農業の専門職業訓練が理論的知識と実践的な一般知識の両方を授けるとともに、研修生が自活できるように研修手当が提供される。農業に関する大学教育と専門的職業研修では、現在と将来の課題が取り上げられる。それには、農場の環境に優しく革新的な技術的方向づけから（たとえば生態系サービスの実施を通じた）新たな事業部門の開発まで含まれる。

　農業や農業科学の大学教育コースや農業職業教育の再教育では、将来の農業者に、その後の日常的な就労生活に役立つ専門知識（その一部は、専門特有のものでもあるが）を提供することになる。一定の間隔を置いて受ける職業教育の補修や研修コースは、新しい生産実務に関する知識を用いて新たな課題に対処できるよう農業者を支援するものである。さらに、彼らには、独立した普及助言サービスが提供される。

政策ならびに諸機関との連携

　公的機関との連携が農業者にとって納得のゆくものになる。というのも、その連携事業の信頼性が保証されるとともに、求められる手続きが農場規模に見合ったものとなるからである。

　EU域内のどこでも共通農業政策（CAP）の枠内で利用できる公的基金は、もっぱら、生態系サービスや農村景観の保全といった農業者による社会的サービス提供に対するものとなる。つまり、農業者は、公益と

生態系のためになる社会サービスに対して補助金を支給されるのである。

　労働条件と食品の生産・加工に関する統一基準がEU全域に適用される。それは、食品の原産地、生産、加工に関して、欧州全域で消費者に統一された透明性をもたらすことにもなる。

畜産

　家畜は、高い動物福祉基準のもとで飼育され、畜産地帯への集中ではなく、農村地域の全体に分散される。そのような構造変化の影響を受ける農場については、長期見通しが作成され、転換が図られてきた。家畜には十分なスペースと運動場が与えられる。家畜は主に農場内で、または地域内で生産された飼料が与えられる。必要に応じて動物用医薬品が用いられるが、それは医学的な診断と適切な治療法に従ってなされる。飼養家畜頭羽数と飼育条件の発展は、ドイツ連邦が諸外国と結ぶさまざまな環境・気候政策協定を遵守する形で進展していく。

デジタル化

　農業において、人間、動物、環境、自然のニーズを調和させるために、デジタル化が活用される。動物の健康サポートに対する最新の技術革新の活用がそうであるように、圃場での精密作業や的を絞った作物保護の技術についても、デジタル化が不可欠の一環をなしている。農業におけるデジタル化は、食料生産だけでなく地球環境保護や自然保護にも貢献する。

　データ主権は農業者自身にある。農業技術は、新技術のさらなる開発・研究や農場からのデジタル技術へのアクセスについて、政府支援を受けることになる。中小規模の農場でも、これらの技術が利用できるようにすべきである。デジタルアプリケーションがあるとしても、農場の仕事において農業者の存在は不可欠である。デジタルなアプローチにせよアナログなアプローチにせよ、農作業プロセスに対する決定を行うの

第Ⅲ部　ドイツ農業の将来―社会全体の課題

は、彼ら農業者である。デジタル化によってもたらされるチャンスを、
農業者が最大限に活用できるように、農村地域のデジタルネットワーク
のカバー範囲を保障し、技術進歩にダイナミックに対応していく。

ドイツ農業が世界に与える影響

　農業関連組織は世界的広がりをもつものとなり、地球全体で公正が貫
くよう設計される。農業者は、世界のどこでも公正な労働条件で働くこ
とができる。ドイツの農業関連産業は、サプライチェーン全体を通じて、
公正な地域市場、国内市場、グローバル市場で取引を行う。それは、明
白であるかどうかに関わりなく、第三世界における人権や社会的、エコ
ロジー的結果に悪影響をもたらすものではない。

　世界中の小規模農業者のエコロジー的、経済的条件は、安定した収入、
社会参加および市場アクセスを可能にするものとする。水、耕地や牧草
地、種子、エネルギー、資本、教育といった重要な資源への自由なアク
セスが保障される。

1.2　転換プロセスの12の指針

　上記の「農業の将来ビジョン」は、ドイツにおける農業・食料システム全
体の急速かつ包括的な経済的、エコロジー的な転換の諸目標を示している。
それらの目標の必要性は、社会全体の目的とするものへの対応とともに、現
実的な事情から生じる。これにはとりわけ、気候保護、環境保護、生物多様
性保護、動物保護の諸目標が含まれる。

　農業は、食料や飼料の生産に加え、生態系保護や気候保護の幅広いサービ
スを提供することができるし、その必要がある。これらのサービスは魅力的
な収入源として農場経営の多様化に貢献できるように、社会から十分な報酬
を与えられなければならない。したがって、農業と食の全体的な転換は、社
会全体の課題である。食品加工業や食品産業、食品取扱い業と並んで、農業

146

が、この課題を直視しなければならないだけでなく、すべての市民やほとんどの官庁、なかんずく農業生産と食生活に関わるあらゆる領域の政策にもあてはまる。この文脈において、適切な枠組みを通じて農業・食料システムの急速な転換を可能にし、容易にするとともに、それを助長することは、政治の責任でもある。

ZKLの意見では、この点で以下の12の指針を政策に活かすことがきわめて重要である。

指針1：食料・農業システムの転換は、動物福祉はもとより農業生産のエコロジー的適合性と復元力を改善し、地球の限界を考慮に入れながら、農場類型、生産システム、農業構造、および農業景観の多様性を増進しなければならない。同時に、この転換では、農場の計画立案プロセスに関わる信頼できる枠組みを確立しなければならず、社会的、エコロジー的基準の低い欧州内外の地域への生産移転との闘いを強いられる農家にとって経済的に存続できるような将来展望に結びつくものでなければならない。

指針2：気候、環境、生物多様性、動物福祉、および人間の健康に対する有害な影響の回避とプラス効果の増進は、農業生産者の個人的利益と企業家的利益の両方にかなうものでなければならない。したがって、農業・環境政策と農業・食料システムは、現在の負の外部性を回避し、プラス効果をもたらすことが生産者にとって経済的に魅力的なものになるように設計されなければならない。

指針3：農産物・食品市場に生じる有利な機会は、経済的、エコロジー的、社会的にみた持続可能性につながるものでなければならない。つまり、食品価格はバリューチェーン全体における食品生産の実際の総コストを反映し、製品・加工部面で品質競争が数量面の競争よりもはるかに重視されなければならない。また、それに応じて消費者行動も発展していかなければならない。したがって、農業が社会の重要な一部であるという事実が、バリューチェーン全体の価値分配における農業の取り分にも反映されなければならない。持続可能な形で生産される食品は、これまで以上に高い価格を要求する。同時

第Ⅲ部　ドイツ農業の将来―社会全体の課題

に、低所得消費者層に対する適切な金銭的緩和措置が、包括的に社会政策を
補完する形で必要である。

指針4：現在の農業・食料システムにともなう社会が負担している外部コス
トを考慮すると、農業・食料の転換プロセスが非常に高いコストがかかるも
のだとしても、国民所得勘定において中長期的に相当の節約が可能になるだ
ろう。

指針5：持続可能な農業・食料システムへの転換には時間がかかる。なぜな
ら、とくに小規模経営構造を持つ部門では、複雑な経済的、技術的、法的、
社会的、文化的、政治的状況を考慮しなければならず、そのすべてを一朝一
夕には変えられないからである。同時に、気候、生物多様性、環境、動物保
護の諸事情からすると、転換に与えられる時間は非常に限られている。社会
政治的に転換が可能となるのは、全体的な転換プロセスが遅滞なく始まり、
年月の経過とともに転換の負担が増大することなく、したがって若い将来世
代に不当に重い負荷をかけなくてすむように設計される場合だけであろう。
一方での農業・食料システムの全体的転換の緊急性と、他方でのそれに要す
る時間との緊張関係は、複数の中間段階を含むプロセスによって、信頼性が
高く、計画立案可能なものにできる。こうした中間段階が採用されれば、逐
次、生態系への影響と経済的持続可能性をモニタリングし、必要に応じて見
直しを実施することが可能になる。

指針6：農業・食料システムに関するあらゆる領域の政策手段は、その考え
方において、ここに定式化された諸々の指針と調和したものでなければなら
ない。

指針7：持続可能な農業の実現をめざす農業・環境政策には、政策手段の水
平的、垂直的統合を改善することが求められる。この目標を達成するために
は、政策手段（財政的支援や規制法制など）と政策分野（農業政策、貿易政
策、消費者政策、環境政策、動物福祉政策など）をより堅実に整合化しなけ
ればならないし、さまざまなレベル（EU、連邦政府、州）の政策をさらに
一貫したものにし、そこでの政治活動を相互に連携しかつ緊密なものにしな

148

けなければならない。他方、これは、国内法から国際協定に至るまでのすべての政治レベルにおける農業・食料システムの極度に複雑化した法的、行政的枠組みが、将来、ダイナミックにいっそうの発展をとげることを前提としている。それは、転換のプロセスを妨げたり、遅延させるものであってはならず、一方ではそれを促進し加速化させ、他方では計画と投資の確実性を保障するものでなければならない。

指針8：将来的に、公的部門による営農活動への財政支援は、公共財提供を目的とする資金調達に役立つものにしなければならない。

指針9：現在、農業政策や環境政策の多くの分野では、合理的なコストで目標達成度を測定することはむずかしい。政策立案者や行政官は、その代りに、農業生産の構成要素であるとともに測定や運用が容易とされる投入側の指標、とくに土地面積などに頼らざるをえない。ところが土地ベースの指標は土地市場に影響する。この点ですでに望ましくない副作用のリスクと結びついている。したがって、原則的には、目的達成の道筋に沿って政策措置を配置し、可能であれば指標の値を根拠とする投入管理から、効果測定に基づくプロセス・成果管理に切り替えることが望ましい。

指針10：農業・環境政策の形成にあたっては、地域ごとに異なる景観や農業構造の多様性を可能な限り考慮すべきである。したがって、適切な施策を政治的に容易にし、バックアップするには、地域での農業者と環境運動関係者との関係はもとより、他のパートナーとの提携が不可欠である。とくに農業環境対策や気候変動対策の実施においては、短期間で成果をあげることができる。そうした提携は、すべての関係者の参加を高めるのに役立つ。

指針11：できれば政策転換の新たな手段やステップは、臨床試験において試され、科学的に検証されるべきである。同時に、このような試験は、政策活動を原則論争から解放し、各政策レベル（地域、州、連邦政府、EU）の統合進展に役立つであろう。

指針12：畜産に関する有識者ネットワークでの討論やこの農業将来委員会での討論プロセスでは、この点について、顕著な農業・環境論争における二

第Ⅲ部　ドイツ農業の将来─社会全体の課題

極化現象でさえも克服が可能なことが示されている。さまざまな政策レベル
で、適切なフォーマット形式（円卓会議、調査委員会、パートナーシップ）
を通じて、このような討論プロセスが助長されるべきである。

B-2　社会的行動分野、政策オプション、および提言

2.1　農業の構造と農業経営の価値創造

　農業と園芸は、高品質の国産食料を国民に安定的に供給するうえで決定的
に重要な役割を果たしている。高い自給率確保は、望ましい目標にひとつで
ある。さらに、多面的な機能をもつ農業は、文化的景観を形成・維持し、エ
ネルギーや原材料の供給で果たす役割も大きくなりつつある。

経営構造：農業部門は、経営の規模や構造、経済状況や混乱からの回復力、
生産方法や生産物、革新力や事業分野など多様である。そうした多様性は、
個々の農業経営にとっても、農業システム全体の持続可能性にとっても有益
である。

　ZKLは、この農業経営の多様性をさらに発展させ、回復力に富んだ将来性
のある国内の農業・食料システムをめざすことを提言する。だが、多くの経
営の経済的な持続可能性が保証されておらず、所得の不足や変動が構造変化
をさらに加速させるおそれがある。農産物の生産者価格は生産コストのすべ
てはカバーできていない。経営専門化や産品コストの引下げなどによる経営
効率の引き上げでは、もはや多くの経営の所得不足を埋め合わせできない。
したがって、多くの潜在的農場後継者が将来展望を見いだせないでいる。

　このような観点から、ZKLはとくに農業経営の多角化を支援し、助長する
政策の展開をつうじて、農業者が追加的または代替的な事業に参入できるよ
うにすることを推奨する。農場や事業の規模よりもむしろ、事業の多角化や、
生物多様性の保全につながる農村的特長の多様性、動物福祉、直売ないし地
域マーケティングの推進、農村構造の開発といった目標に焦点を合わせた政
策について大いに議論すべきであって、小規模農場の見通しが改善されるよ
うに注意すべきである。以下の支援を抜本的に強化すべきである。

150

○事業活動の分析と、その結果に基づく事業活動の多様化（再生可能エネルギーや代替エネルギー、アグリツーリズム、飲食店経営、自然保護や景観管理、生物多様性の増進など）

○新しいビジネスモデルや主に社会、協働、教育に関わる目標に見合った所有形態や組織形態（協同組合、連帯農業、地域価値イニシァティブなど）

○製品の差別化（ニッチ市場、特産食料品、原産地呼称などの原産地表示）

○動物福祉基準を遵守する地域的な加工構造（人の手による屠畜、食肉加工など）や、革新的な販売チャネルを含む直接販売、ネット直販、地元での店舗販売など、販売に関するコンサルティング・サービス

○存続可能性の高い経営をめざす事業再構成にあわせた早期農場継承

○革新的な価値創造のアイデアをもつ農外部門から農業への新規参入者の受け入れや異業種交流

○不作付けの継続による生物多様性エリアの提供に対する褒賞金の上乗せ給付が、追加的な収入に役立つ

さらに、流通業者、生産・加工業者、消費者との公正な利益バランスのうえに長期的な協力関係や購買関係が形成されるならば、まちがいなく農業所得の安定、リスク緩和と計画の確実性が高まる。合意に基づく共同事業、固定価格モデル、あるいは長期契約関係はリスク軽減に役立つ。農業構造とバリューチェーン全体の多様化、それにともなう新たな雇用機会や新たな収入源の創出、農村部における生計基盤の拡大・強化、これらについて、欧州資金と国内資金を組み合わせて、ジェンダー差別しない支援を提供することは今後も引き続き非常に重要である。

土地市場：連邦と州政府は、起業支援とともに、農地購入や賃貸の規制を強化すべきである。〔再統一後の東部ドイツで農外投資家が農業者優先の統制を逃れて土地の相当部分を買い占め、しかも土地取得税の支払いを免れているからである。〕

第Ⅲ部　ドイツ農業の将来―社会全体の課題

この観点から、ZKLは次のように勧告する

○賃借契約の開示義務を課し、必要な透明性確保に役立てる

○〔主に東部ドイツの大農場の農外資本による〕株式取得を農地法制の対象に含め、株式取得に関わる不動産取得税の実質的免税点を引き下げる

○若手農業者の土地取得の促進（たとえば適切な資金提供）

経営移譲と廃業：経営の弱点の体系的な分析（さらには、他の農業経営者を交えた集団的討議や、事業結果の共同考察）を通じて、潜在的収入源の活用に役立つ支援を農場経営に提供することができる。一般に、コンサルティング・サービスへの時間と資金の投資はそれだけの価値がある。

ZKLは、経営継承問題を含めて、国庫補助による経営コンサルティングの提供を検討するよう提案する。

あらゆる努力にもかかわらず、農場の経済的、エコロジー的存続が不可能な場合、農場経営者が適時に農業から撤退することは、たとえ伝統的な家族関係や自律性の喪失という問題をともなうとしても、社会的には受け入れられやすいだろう。そうした農場は労働力不足地域に多いので、別の形の雇用が現実的だろう。事業活動からの適時の撤退や停止は、資産の保護や心理的ストレスの軽減につながり、失敗の結果として非難されるものではない。気兼ねなく利用できるカウンセリング・サービスへのアクセスを提供することで、具体的な危機対応や経営移譲について相談するよう、もっと強力に促すべきである。

2.2　労働力

農業就業者の状況を改善し、農業という職業の魅力を高めるためにZKLは以下のことを推奨する。

○労働協約で決める魅力的な賃金

○1日の労働時間を制限しながら週間労働時間を確保できるように、繁忙期の労働ピークについても労働時間モデルを作成

○農場運営について定期的に意見交換し、自らのアイデアを提案したり、

定期的な従業員討論ができるように、追加的、継続的研修への参加機会、研修内容の不断の見直しといっそうの改良

○現行規制の着実な実施を通じて、農作業中の危険から労働者を確実に保護

○職場や団体におけるジェンダー役割問題の意識向上

とくにすべての季節的農業労働者ついて、下記の事項を保障すべきである。

○原則として社会保険の対象となる雇用とし、免除する場合は妥当性を審査すること

○社会保険に加入しない短期雇用の場合、ドイツの法定健康保険に相当する範囲の給付を保障すること

○すべての季節労働者の給与、住居、労働条件を国内法に準拠させ、適用される要件の実施を保障すること

○隠し立てのないわかりやすい月給明細書を提供すること

○母国語または従業員が理解できる言語で記された雇用契約書（または証拠法第2条にもとづく最も重要な雇用条件）を、本国出発前に交付すること

○さまざまな所轄官庁によって十分かつ包括的で調和のとれた管理を行なうこと

2.3 世代と多様性の問題

世代問題：農業界では55歳以上の経営者比率が平均以上に高く、その傾向は強まっている。農業経営者の半数近くが今後10年以内に定年年齢を迎えるが、主業農場の36％しか後継者を確保できていない。ドイツは、肥沃な草地と耕地、確立された訓練制度、比較的裕福な消費者に恵まれた農業には有利な国ではあるが、他方では、若い農業者の将来の展望を左右するさまざまな課題もある。農業に対する社会の要求の高さ、自然保護や環境保護、動物福祉などの対策の必要性、作業負担の重さ、不確実な経営条件、そして農外就業機会に恵まれる環境のなかで長期的な確固とした収入基盤が欠けることもあり、

153

第Ⅲ部　ドイツ農業の将来—社会全体の課題

多くの若者が親たちが歩いてきた道を進むべきかどうか迷っている。とくに畜産経営ではそうである。若者を農業につなぎとめておくためには、経営計画の確実性の担保と良好な前途の提供をつうじて農業の魅力を高めなければならない。また、社会や世間が自分たちの仕事ぶりを認め、評価してくれていると認識できることも重要である。これまでの趨勢からすれば、農業経営規模は今後も拡大し続けるだろう。それにともなう新技術の利用には、より高い専門的資格と、従業員との優れたコミュニケーション力やリーダーシップが必要とされる。

　ZKLは、農場の移譲や継承に関連して、時として存在する困難を緩和することを推奨する。

○農場移譲前の適切な時期に、関係者全員を対象とした（国が資金負担・援助する）特定のカウンセリングとアドバイスを強制的に導入すること。その際、早い段階で金銭的な問題と対人的・個人的な問題の両方に対処することが重要である。

○経営移譲が未解決の状態が続くと、年齢とともに身体的、認知的能力も低下し、事故のリスクも高まる。経営移譲というテーマは、社会保険制度と共通農業政策（CAP）の第2の柱から提供される資金を用いて、適切なアドバイスやセミナーを受けながら取り組むべきで、そうした支援があることを広く知らせなければならない。

○公的資金の導入によって、農業後継者や新規参入者向けの農場引き継ぎ前と引き渡し後3年間の濃密指導、および若手農業者向けの一時金補助とをおこない、これを若手農業者の農場整備計画（農場の受け渡しや事業再編、農地取得を含む事業立ち上げ）向けの公的資金に転換する。

○資金援助措置を早期経営移譲に関連付けることができるかどうかを検討する。

○農場移譲や婚姻・相続法、税法、社会保障に関する助言サービスの利用を奨励する。

多様性：農業部門では伝統的なジェンダー役割モデルがとくに根強い。その

ため、女性や社会から疎外された人々（性的マイノリティやジェンダー・マイノリティ、有色人種、難民、移民とその子孫、障害者など）がとくに不利な立場に置かれている。これらのグループが農業部門で地位を確立したり、十分な評価を受けたり、適切な〔有給〕研修員ポストを見つけたりすることは少なからず困難である。したがって、すべての人々の平等性がよく見え、認知され、参加することをめざして、農業関連産業全体ではもとより、農業と関連組織においても、公平性と平等性を高めるための措置が必要である。

　農業・食料システムに属する農業経営や企業、および農業団体の管理において多様性を高めることは、農業における公平性を増進し、文化的変化を加速させ、イノベーションの促進や生産者と消費者の関係改善、そして、環境、自然、動物福祉といった直面する諸課題を踏まえた率直で自発的な変化につながる可能性が高い。農業経営が未来に向かって進むには、農業界にさまざまな視点を取り入れることが必要である。

　そこで、ZKLは以下のことを提言する。

○農業統計において、農業における女性の業績を独自に収集し、提示すること

○家族、農業団体や会議の場、農業関連業界全体において、ジェンダーの役割と役割モデル、およびあらゆる次元における多様性に対する意識を高めること

○ジェンダー平等と多様性の問題を訓練や学習のなかにしっかりと位置づけ、その方向に沿って、求職・採用競争と若者の才能伸長を図ること

○マーケティング、団体、会議の場などにおいてジェンダーや多様性に配慮した言葉やイメージデザインを使用すること

○女性や社会から疎外されたグループの人々に対する、農場後継者や新規参入者としての特定の能力提供を促進すること

○農場で働く家族や仕事仲間に関わる現行の社会保険モデルを検討し、必要であれば組み直すこと

○農業関連企業の管理はもとより、職業団体、農業団体の会議、協同組合

にすべての人々が平等に参加すること。今後10年以内に女性会員の割合を少なくとも30％にするという目標を定め、取り組むことができるであろう。

○各種委員会におけるマイノリティ迎え入れ文化を改善すること

○家族にやさしい会議のやり方と時間を導入し、意思決定機関の人員配置で一貫してジェンダー的公平性を追求すること

○実質的なジェンダー的公平性の増進を目的とする公的資金の枠組みを利用して諸施策を設け実施すること

○連邦政府の責任範囲内にある委員会やその他の重要な機関の構成におけるジェンダー平等を推進すること

クォータ制は女性を管理職として登用するのに役立ち、その結果、女性が自らの能力を活用し発揮する機会を提供することができる。これは経済界における経験から明らかである。

2.4 農業における社会保障

自営の農業者、林業家、園芸家は、健康保険、介護保険、老齢保険、労働災害保険に加入することが法律で義務づけられている。これは、他の職業の自営業者と比べて特別な特徴である。農業に関する4つの法定社会保険は、農林園芸社会保険制度（SVLFG）によるものである。被保険者にとっては、窓口が一本化され、アドバイスやサポートが付いているという利点がある。

一般的な法定社会保険制度が提供する給付と類似しているとはいえ、とくに農業健康保険や介護保険が提供する給付は、事業者とその家族に焦点を合わせているので大きな違いがある。たとえば、農業従事者のための老齢保険は、部分的な補償しか提供しない。SVLFG保険の全4部門で提供される経営・家計補助は、一般的な社会保険制度ではカバーされない農業部門にとって重要な利点となっている。

農業部門の構造変化や社会全体の年齢構成の変化にともない、農業社会保険制度も今後さらなる課題に直面するだろう。農業、林業、園芸の事業体に

は特殊なニーズがあり、引き続き社会保険を一元的に提供することが必要であろう。同時に、法定社会保険のように、拠出者がますます少なくなる一方で、拠出金を受け取る者がますます多くなるのであれば、適時に制度改革を検討することも不可欠である。その際には、今後とも連帯の考え方を考慮に入れて、高収益経営が低収益経営よりも多くの連帯拠出金を引き受けるようにすべきである。

　したがってZKLは、この社会的に重要な分野を保護するために、独立した農業社会保険制度を維持し、すべての関係者、とくにその自主運営機関と協力してさらに発展させ、州レベルでもり立てていくことを推奨する。

2.5　農村地域と農村空間

　農業経営が農村集落で社会的な位置を占め、社会文化的な中心であり続けるかどうかの問題で、農業経営規模は決定的な要因ではない。むしろ、社会的結束を生み出す決定的な要因は、献身的で想像力豊かなアクター（個人、団体、経営など）と行政である。アグリフード・ビジネスが果たす役割に関してとくに重要なことは、地域との融合、それを受け入れ支援しようというコミュニティの意志、そして農村部の人々との密接なつながりである。最後に今ひとつ大切なこととして、革新的な経済・マーケティングの形態により、農場は社会的結束を促進する空間の場となることができる。たとえば、連帯農業モデルや地域価値イニシアティブがそうした触媒機能を果たせることが、多くの事例研究によって実証されている。

　集落のインフラも、農村地域で持続可能な発展を保障する重要な要素である。これには、競争力を備えた農業・食品産業に必須の条件となる高性能デジタル・ネットワークだけでなく、社会・文化的なインフラやサービス・インフラも含まれる。

　ZKLは、農村地域の開発を依然として重要な政策分野と捉え、積極的な政策形成と政策の推進をおこなうべきであると考える。農村地域の社会的機能の強化は、農業政策の手段だけでは実現できない。したがって、政策立案者

第Ⅲ部　ドイツ農業の将来—社会全体の課題

は、農村開発に関わるすべての部局の権限を体系的に再編成すること、そして、関係省庁間および関係当局間の調整を強力に進め、つぎはぎだらけの横断的ネットワークや省庁間の縦割り行政を改善すべきである。

2.6　食料と農業に対する社会的認識と評価

　農業と食品産業は、持続可能性に関わるさまざまな課題を受けとめ、検証可能な形で克服していくことによってしか、長期的にイメージを向上させることができない。これについては、すべての関係者が問われており、責任を負っている。同時に、持続可能な農業への転換をしっかり政策的に支援することが重要であり、そのためには公的資金の増額も必要である。

　ZKLは以下のことを強く主張する。

○経営、地域、そして国レベルでの持続可能性の目標と進捗状況の透明性のあるモニタリングが社会的議論に不可欠であり、政策的に要求され、奨励されるべきである

○分野や利害関係を超えて、事実に基づくコンセンサス形成を重視する社会コミュニケーションができるような雰囲気の醸成を、もっと重視すべきある

○学校給食の改善と結びつけて、学校で農業生産と食生活に関する実践的な教育を拡張していけば、持続可能性の地域的局面と地球的規模の局面の両方を考慮に入れながら、食と農業に関する理解を深めることになる。就農者向けの初期研修や継続教育においてより明確にコミュニケーションに焦点を合わせれば、社会的交渉プロセスの理解度が高まり、農業経営者は自身の個人的な利害と広く農業部門に関わる利害との両方をうまく説明できるようになる

○ZKLは、法律上の要件を守らない少数の農業・食品産業関係者が、業界全体の評判を落としていると考える。たとえ個別事例に過ぎないとしても、QS（Quality and Security）や国際食品規格（IFS）といった業界によって支持される適切で先進的な品質保証システム（商品とプロセス

158

の品質保証）を通じて、それを早期に特定することが重要である。さらに、執行当局が利用できるリソースを改善し、組織の改善とデジタル化によって、全体的な効率と有効性を強化しなければならない。

2.7　食生活スタイルと消費者行動

食生活行動：フードシステムの特徴のひとつは、より厳しい持続可能性の目標から生じる課題のかなりの部分は、効率を上げるだけでは技術的に解決できるものではないということである。ドイツ栄養学会（DGE）の勧告に従って、消費と食生活スタイルをさらに発展させることも必要である。健康を増進し、持続可能な食生活スタイルの要素を明確にするための研究努力が最近かなり強化されている。食生活に関連する疾患は複数の因子が作用しており、個別食品や食品群との関係は複雑であるが、食生活が市民の健康に少なからぬ影響を与えることは議論の余地がない。

そこでZKLはこう提言する。

○世界中のたいていの専門家団体の食生活勧告で言及されているように、果実、そしてとくに野菜、豆類、食物繊維の豊富な食品の割合が高く、変化に富んだ植物ベースの食生活を推進すべきである。ドイツ栄養学会の勧告に従って、動物性食品の摂取を減らすべきである。

○飲み物に関しては、水と無糖の飲料を中心とすべきである。

食料生産：食生活に関する勧告項目は、環境と気候の保護にとっても有益である。それは、農業や食品産業にとって大きな課題となる。

畜産物の消費量の削減は、農業・食品産業の付加価値の半分以上を占める分野に影響を及ぼす。この観点から、長期的支援策を財源確保手段の拡張と結びつけるという畜産に関する有識者ネットワークの提案を、ZKLは明確に支持する。畜産経営の再編成には、コスト補償と法的に裏付けされた計画の確実性が求められる。

ZKLは、この提案と合わせて、総合的な転換戦略の一環として、国産農産物の家畜飼料、および代替農産物ないし動物性の代替食品への使用に関する

第Ⅲ部　ドイツ農業の将来—社会全体の課題

研究資金の増額や、そうした方面に関するマーケティングなど、生産者に対する消費サイドでの支援を組み合わせるべきだと提言する。

○農業と食品産業に強く求められる持続可能性志向への転換は、魅力的な機会を提供する。持続可能なイノベーションを通じて、企業は国内外の食品産業の再編成で主導的な役割を果たすことができる。品質重視の持続可能な生産コンセプトを志向することで、大きな経済的可能性が期待できる。同時に、この転換は、市民の関連経済部門に対する受容性を高め、関係企業に対する信頼を高めることができる

○ドイツは果物と野菜の生産に関しては、かろうじて自給自足する状況である。気候条件を考えると、この分野の市場拡大は、最新の生産・栽培技術を用いた持続可能な生産に向けた転換、つまり、既存の貴重な野生生物生息地の保護・拡大をめざす転換にも結びつくものでなければならない。集約的な果実・野菜栽培でも、養分と植物保護剤のエコロジー的な最適使用の面でいっそうの改善が求められる。果実・野菜の有機生産もさらに促進しなければならない

○同様に、糖分、脂肪、塩分の削減などをめざす健康・栄養政策では、影響を受ける食品産業部門や企業に組織的支援を提供する長期的な転換戦略が必要となる。

食料・栄養教育：ZKLは、持続可能で健康的な食生活の価値や、適切な調理・料理技術など消費者の栄養面・経済面のスキル（家計管理）を強化するため、対象者の特性に応じた包括的な生涯教育プログラムの実施を提案する。

食料政策：しかし、世界的な保健政策の発展や科学研究の動向を見ると、栄養政策は栄養教育以外の手段をもっと活用すべきであることがわかる。

消費者行動の習慣化・形成は社会規範や、社会的価値観、社会的環境によるとともに、感覚的嗜好によっても進むことを念頭に置くべきである。この嗜好が頑固に変化を拒む一方、消費習慣にはある種の可塑性もある。後者は、新型コロナ・ウィルスの大流行や、現在の特定世代ないし特定集団の食行動の変化（ベジタリアニズム、ビーガニズム）に見ることができる。

160

そこでZKLはこう提言する。

○消費サイドについても、金銭的なインセンティブを試行、導入する。可能な手段としては、砂糖、塩分、脂肪に対する賦課金、果物、野菜、豆類の摂食促進（付加価値税の引き下げなどをつうじた）がある

○飲料水をより自然なものにするため、公共部門で飲料水を簡単に利用できるインフラを整備する。これを広範な社会運動に繋げるべきである

集団給食を栄養政策の焦点に据えるべきである。入札においては、持続可能な方法で生産された食品を優先すべきである。保育園、学校、カフェテリアの給食は、将来の食事スタイルの形成に影響を与える。ZKLの見解では、そうした給食において、商品とプロセスの品質基準が、初歩的な遵守義務をもつものと規制的なものとしかないという事態は理解しがたい。

ZKLはここから、共同給食に関して以下の推奨事項を導き出す。

○共同給食については、高い品質基準の遵守義務、快適な食生活環境の提供、そして一般的な教育機関や保育施設については、誰も差別しない無拠出制の提供を推奨する。

○高齢者向けの食事提供や医療システムにおける食事提供の分野でも、品質の向上や品質基準の遵守義務化が可能であることは明らかである。予防的健康管理や食べ物の理解に関しても、望ましい効果が期待できる。

さらに、自粛を重視するのでなく、むしろ豊かで多様な、変化に富んだ植物ベースの食事を大切にする21世紀型食生活を教え合い、育てていくべきである。おいしさと楽しさは、より持続可能な食生活パターンへの変革戦略を成功させるうえで重要な要素である。

消費者情報：食料政策のいっそうの発展には、健康と持続可能性を重視した消費者政策が重要な役割を果たす。それが市場に適合できるかどうかは明瞭で信頼できる表示制度にかかっている。

このような背景から、ZKLは以下の提言を行う。

○法的に定義された表示について、ZKLは消費者に誤解を与えないために、その表示に適合しない製品に対して関連広告を禁止することに賛成する。

第Ⅲ部　ドイツ農業の将来─社会全体の課題

○地域的な生産・加工・消費構造の拡大は、原産地ラベルだけで支えられるものでなく、直売、近隣販売、そしてとくにデジタル・マーケティングといったコンセプトの推進努力の強化によっても支えられる。中小企業について、規制の密度を緩和し、リスクに応じて法定要件を適用することが、成功の重要な前提条件である。

○ドイツで欧州の品質規定の利用を拡大することは、地域内に付加価値を留めおくと同時に、地域産品の多様性と品質に対する認識を高める戦略のひとつとなりうる。ドイツは、高品質製品のマーケティングにもっとEUの資金を活用して、消費者や企業の間で品質表示の認知度を高めるべきである。さらに、産地呼称にはすべて欧州の最低基準が必要である。

食品ロス：食品政策のなかでとくに社会的合意をえている目標のひとつは、農場から食卓までのバリューチェーンおよび消費において回避可能な食品ロスを削減することである。

そこでZKLはこう提言する。

○生産面では、主なロスの発生領域（青果物、ベーカリー製品、大量消費事業者）に重点を置いて取り組むべきである。必要な措置は、効果的な手段を特定し、それを広く適用するためのデータ状況を改善すること、および食品加工業や食品取引業、農業、外食産業が拘束力のある削減目標について合意することである。

○消費面では、情報と動機づけのアプローチを強化し、もっと効果的な手段を早急に研究、試験、導入すべきである。

2.8　政策と行政

政策：農業・食料システムに関する政府の行動については、気候、環境、生物種、および動物の保護との相互依存性を含めて、一定の方向性を持つ統合的なモデルや一貫性のある連邦法の枠組みが欠如していることが特徴であり、問題となる。行政機関の諸戦略（持続可能な開発目標（SDGs）、グリーン・ディール、耕種農業戦略、昆虫保護活動プログラムなど）は、しばしば機能

162

本位で実行されるため、内部矛盾や関連政策分野間の調整不足、たとえば、資金調達と規制法の関係に見られる調整不足が顕著で、実施上の不備や目標の逸失を招く。これは農業の経済的存続可能性とエコロジー的持続可能性目標との関係にも当てはまる。

行政：持続可能性を重視した農業・環境政策の迅速かつ包括的な実施と、転換プロセスの定期的なモニタリングには、あらゆるレベル（市町村、州、連邦政府、EU）で効果があがる農業・環境行政が必要である。転換プロセスにおける膨大な行政ニーズに対処できるよう、十分な支援を提供すべきである。

2.9　知識管理と科学的な政策助言

知識の増加：農業・食料システムでは、他の社会分野や産業に劣らず、体系的で、しかも特殊化・複雑化する知識がますます重要になっている。

　農業従事者や起業家が、社会の期待の変化や、農業全体の転換にともなう要求の増大に対応していくには、多様な的を絞った研修、継続教育、助言サービスが必要である。こうしたサービスの提供は、経営管理や技術的な生産知識に関するものに限定してはならない。むしろ、農業の転換過程では、エコロジー関連サービスを経済的に成立させられるようにする知識と並んで、農業生産が気候や環境、生物多様性、動物福祉に及ぼす影響に関する知識を含めるよう、範囲を拡大する必要がある。

教育、研修、継続教育：農業の成功を支えられるように、研修の内容は知識の発展や新たな課題に絶えず適応したものにしていかなければならない。現在は、リスクと流動性の管理、従業員管理、ITとデータの活用、コミュニケーション、新たなビジネスモデル、高付加価値生産システムなどのテーマに重点が置かれている。同じ理由から、農業起業家は常に知識やスキルを更新し続ける必要がある。現役の農業経営者は継続教育や研修に参加する時間はほとんどなく、とくに数日間欠席する場合があることに注意が必要である。

　研修と研究の分野に関して、ZKLはとくに以下の諸点を勧告する。

163

第Ⅲ部　ドイツ農業の将来─社会全体の課題

○専門学校や大学での授業内容には、新たな課題に対応して、エコロジーや生物多様性、動物保護とともに、消費者や社会団体、報道機関とのコミュニケーション、従業員管理、新しいデジタル技術（ビッグデータ、AIロボット工学の応用）への対応などを含めなければならない。同時に、研修生に対して、自立して、自己責任で生計を立てられるような報酬を用意しなければならない

○農業や園芸分野では、熟練労働の雇用の必要性が高まっている。さらに、移民や難民など新しい対象者集団に向けた取り組みがなされるようになっている。研修参加企業には、異文化間で求められる必要事項を教える継続研修を提供すべきである

B-3　エコロジー的行動分野、動物福祉、政策オプションおよび提言

3.1　気候変動と農業に対するその影響

　農業・食料システム全般、とくに農業生産プロセスは、A-3の冒頭で触れたように、気候変動と密接に関係する。

3.1.1　温室効果ガスの効率化、削減、隔離

　ドイツは2045年までに気候変動をニュートラルにするという目標を掲げている。農業部門における温室効果ガス排出削減方法のうち、ここでは、気候への影響の大きい耕作に焦点を合わせるが、それは多くの場合コストが少なくてすむ。場合によっては、公的資金による集中的な改良普及サービス（個々の農場レベルでの定期的な気候チェックなど）が必要となる。温室効果ガスの排出削減や貯留に役立つ管理方法に的を絞った国の支援が、少なくとも過渡期には継続・強化されるべきである。気候中立化への道には、農業や土地利用に関する学習や適応効果も含まれる。したがって、転換の進行に応じて適切な政策調整を行うための備えが必要である。以下では、温室効果ガスの種類別に重要な措置を提案する。

メタン：農業から排出されるメタンの大部分は畜産、とくに牛の飼育による

164

ものである。したがってメタンの排出量を削減するためには、動物性食品の消費、ひいてはその生産を削減する必要がある。ZKLは次のことを提言する。

○牛の飼育単位の規模を気候保護目標に適合するものにし、草地での放牧に焦点を合わせる。これに合わせて消費量を調整する。同時に、飼育牛1頭当たりの付加価値を高めることで、畜産経営の所得を少なくとも安定させなければならない

○施肥と給餌管理の最適化

○乳牛の生涯泌乳成績の改善

亜酸化窒素（N_2O）：ドイツにおける亜酸化窒素排出の約80％は農業によるものである。とくに窒素肥料の使用は亜酸化窒素を大量に排出する。ドイツの農業における窒素の利用効率は平均50％程度にすぎない。ドイツの持続可能性戦略に従えば、2030年までに窒素余剰を1ha当たり最大70kgまで削減することを目標としなければならない。

ZKLは次のことを提言する。

○農業生産における窒素効率を農場ごとに最適化するための奨励制度を導入

○個別経営の物質フローの均衡を、シンプルで透明かつ検証可能な形で早急に実現。肥料条例（DüV）のような施行済みの政策的措置が効果的でない場合にのみ、窒素余剰削減のための市場ベースの補助的手段を検討すべきである

○窒素過剰を避けるために、亜酸化窒素排出量の少ない施肥

○硝化抑制剤、およびその他の窒素損失抑制物質の開発

二酸化炭素：農業用土壌と泥炭地は、CO_2の土壌貯留に大きく貢献できる。そのためには長期的な対策がとくに求められる。

腐植の形成：腐植の蓄積と維持が、農業の気候変動に対する耐性と土壌の肥沃度の両方を高め、他の目標（生物多様性など）についても重要であることを考慮すると、腐植含量の増加はアグロエコロジーの中心的な活動分野のひとつとなる。

ZKLは次のことを提言する。

165

第Ⅲ部　ドイツ農業の将来—社会全体の課題

○被覆作物栽培の奨励やマメ科植物の作付け、および腐植を増やす長期的
　な輪作の奨励を含め、国庫負担による適切な支援策を増やすこと
○腐植質含有量の変化の測定に使用する機器の開発。これにより、耕地の
　鉱物土壌における炭素の永久隔離に対する報奨が可能になる
○農業生産工程管理における優れた腐植バランスの定着を法的に義務化

泥炭地：泥炭地は自然の炭素貯留庫であり、その農業利用は温室効果ガスの
放出につながる。ここには農業が気候保護に貢献できる大きな可能性があり、
その実現は社会によって相応に報われるべきである。連邦政府と州政府は、
農業と自然保護団体の緊密な協力のもと、「気候中立化2045年」の目標に
そって泥炭地保護国家戦略を策定し、現在、排水利用されている農用地の大
部分を再湿潤化しなければならない。

　ZKLは、現在農業に利用されている泥炭地に対する特別な保護施策の実施
を推奨する。

○耕作地の草地への転換、草地の保護、および草地利用や放牧の生産物向
　け支援。転換された草地については、保護価値が高ければ、あわせて管
　理を粗放化
○自然の復元、および気候保護上高い潜在的可能性を秘める地域の再湿潤
　化。この可能性についてはそこで営まれている農場の生産・所得見通し
　とあわせて検討しなければならない
○泥炭に代替する材料の使用と、EU全体での泥炭採取の禁止
○パルディカルチャ（再湿潤化した湿地での耕作）の活用と奨励

一般的な施策：温室効果ガスの排出を削減し、気候効率を向上させるための
追加的な対策を検討する。ZKLは次のように提言する。

○農業に利用される泥炭地の特別の保護のための包括的かつインセンティ
　ブ指向のプログラムなど、収益創出に役立つ気候保護措置の実施契約付
　きの融資
○気候目標の実現過程で、デジタル化にこれまで以上に重要な役割を付与
○食生活の分野では、食品ロス対策に加え、イベントや公共食堂での共同

166

ケータリングで気候変動に配慮した食事を提供するなどの機会を活用する。第一段階として、集団給食のドイツ食生活協会（DGE）品質基準をドイツの全州で導入し、遵守を義務付け、その基準に持続可能性を加えることが考えられる

○保育所や学校で、無料給食と結びつけて、それに連動する教育プログラムを提供

○効率的で生物多様性増進的な、再生可能エネルギー向け農地利用（土地利用における競合を回避しながら）

3.1.2 気候変動の影響に対する農業生産の復元力（レジリエンス）

農業生産は、とくに気候変動の影響に直接さらされている。異常気象、土壌の劣化や侵食、気温の上昇、季節変化の変動は、とくに耕種農業に脅威をもたらしている。

○緑豊かな植物、保水性、そして可能であれば常緑植生地を備えた豊かな構造の農業景観は、水を蓄え、土壌の乾燥を防ぎ、微気候や中気候に良い影響を与える

○気候変動の影響にできるだけ強い復元力をもつ農業の展開上、土壌の腐植含量は決定的な役割を果たす。腐植質の供給が良好な土壌は、短時間で大量の水を吸収し、乾燥時に水を利用できるようにする。良質の土壌構造は同様に作用する

○復元力に富み生産性の高い農業・食料システムをさらに発展させるうえで、できるだけ多数の作物種について、良質の食料、飼料あるいは加工品質をもち、立地条件や気候条件に適合し、高収量で、強健かつ健康な品種を作ることは、中心的な課題のひとつである。EUグリーン・ディール戦略や農場から食卓まで戦略からすれば、これはさらに重要である。この点で、育種に対する要求はますます複雑になっている

167

第Ⅲ部　ドイツ農業の将来―社会全体の課題

3.2　土壌、水、大気、栄養サイクル

　どのような農業でも、土壌、水、空気、栄養素の循環が基盤となるが、それらは今日、しばしば営農活動によって深刻に汚染される。

　ZKLは次のような措置を推奨する。

　○土壌や地表水域の富栄養化を防ぐ、〔栄養塩を〕少なくとも減らして水質を改善する（硝酸塩やリン酸塩のレベル、農薬や薬品の残留を含む）

　○土壌侵食と土壌圧縮を軽減する

　○土壌の肥沃化を促進する

　○利用可能な水を確保する（地域における水の供給、土壌の貯水能力、灌漑システム）

施肥：欧州委員会の農場から食卓まで戦略では、土壌肥沃度を維持しつつ、2030年までに栄養塩流亡の50％削減と、施肥量の20％削減という目標を掲げている。

　栄養塩の流出を減らすために、ZKLは次のことを推奨する。

　○窒素の利用効率を高め、とくに圃場ごとの施肥量の管理や堆肥の効率的利用などで施肥量を削減

　○とくにマメ科作物の栽培を取り入れた輪作の多様化を支持

　○混作作物、間作作物、株間被覆作物の利用を強化

　○土壌被覆作物や刈り株のひこばえで、年間を通じて地面を覆う

　○厩肥や堆肥の施用を優先し、有機残渣物（麦わらなど）を畑に残すことで、土壌肥沃度の向上

　○水域沿いの圃場で、定期的に畦畔を整備

　○養分節約型の施肥や、養分の節約になると同時に生物多様性を増進するその他の方策（たとえば、緑肥、恒常的な土壌被覆、側帯の設置）に関する指導助言

モニタリング制度、窒素過剰と価格形成に関する組織的な取り組み：地域ごとの栄養塩、とくに窒素過剰の削減・回避は、エコロジーに責任をもつ農業の重要課題のひとつである。この点に関する農場から食卓まで戦略の目標は、

B 提言

農業、工業、自治体から排出される栄養塩に関する統一的でわかりやすいモニタリング制度の存在を前提にしている。

こうした観点からZKLは、規制的アプローチに加えて、窒素過剰削減のための市場ベースの手段を開発するよう強く推奨する。

3.3 農業生態系、生息地、および種（しゅ）

農業景観における生物多様性の損失を一刻も早く食い止めるために、効果的な施策を迅速に導入することが求められる。生態系の機能を維持・向上させるためには、昆虫の現存量や生物多様性とともに、生息地や構造物におけるその他の動植物相（土壌生物を含む）の生物多様性の減少を食い止め、趨勢の逆転を実現しなければならない。

多様な農業景観、対象を絞った肥料と植物保護製剤の使用、生物多様性を促進する耕作管理法などに加えて、家畜品種や作物の多様性を保全し増やすことが重要である。農業自体も、たとえば、生け垣の防風効果による収量の増加や養蜂に見られるように、（有益な）機能を持つ生物多様性をつうじた有害微生物の自己制御といった恩恵を受ける。このような仕組みは、原則的に経営規模に関係なく導入できる。

生物多様性を高める土地利用システム：粗放的、つまり低栄養の土地管理は、生物多様性の向上に貢献する。一般に、草地は耕種農業や多くの園芸作物に比べて生物多様性を増進する管理に適している。新たな草地造成に的を絞った支援によって、永年草地の割合を再び増加させるべきである。それが生息地としてどれほどの価値をもつかは、その利用集約度によって決定的に左右される。とくに種（しゅ）の豊富な地域がまだ全国に残っているので、それらの保護と保全が優先されるべきである。これにはとくに、有機土壌地域の中温性の草地、肥沃度の低い低地や山地の天然牧草地、湿地と低湿草地が含まれる。目標達成のための追加的な方策として、施肥の削減と自然〔条件〕に合った採草（帯状草刈りを含む）による粗放化プログラム、および永年草地の再建促進プログラムがある。さらに、草地利用による生産物（放牧乳、放牧肉な

169

第Ⅲ部　ドイツ農業の将来—社会全体の課題

ど）の生産と販売を支援することも重要である。これにより、畜産と草地との結びつきが強まり、動物福祉にもプラスになる。

捕食動物：放牧家畜とオオカミのような捕食動物の保護との矛盾があるため、家畜群の保護・保全対策が必要である。目につくほどに増えたオオカミの殺処分は、多くの家畜所有者にとって必要なことであり、畜群保護の理由からも許されると考えられる。

農業景観における構造物：多様な農業景観の保全は、集約的に耕作される農地と、粗放的に耕作される農地や不耕作農地との組み合わせがあってこそ達成できる。眺望できる範囲の景観のなかで地上構造物的要素、生け垣や畦畔などの周縁構造物、生産に利用されない土地が最低10％を占めることを目標とすべきである。

作物防除（農薬）：農業の持続可能性と将来的存続可能性の確保には、植物保護措置が環境や生物多様性、人間の健康に及ぼす影響を可能な限り低く抑え、さらに低減することも含まれる。

○多様な作物輪作や、植物衛生上必要な期間の作付け休止をともなう混作の奨励

○病害虫に対して抵抗性や耐性を持つ品種の育種と栽培

○植物の健康と生物多様性の増強に資する栽培技術の使用

○生物多様性と環境への悪影響がごく小さい生物農薬や天然物ベースの農薬・植物活性剤（バイオスティミュラント）の開発と承認

○作物保護における革新的ソリューション（現代的農業技術、デジタルソリューション）

○農薬偽造品（現在、欧州における取扱量の10％を占める）や無認可農薬使用の撲滅に向けた一貫したアプローチ

○農薬の使用削減に向けた改良普及事業や金銭的インセンティブ

これらは以下のことによって支援できる。

○植物保護措置が環境や生物多様性にもたらすあらゆる形態のリスクの顕著な極小化をめざして、生物的、物理的植物保護方法をさらに発展させ

B　提言

ること

○2011年から法律で義務付けられている総合的病害虫・雑草管理（IPM）の包括的な実施を確保するために、効果的な管理メカニズムを開発、利用

○食品産業と消費者を巻き込んで、生物多様性を強化する栽培方法にとって魅力的なインセンティブ・システムと販売市場を創出

○農業部門に必要な技術革新を促し、研修により新技術応用を支援するとともに、改良普及事業を拡張

○植物活性剤（バイオスティミュラント）、生物学的製剤、天然物質ベースの製剤、低リスク作物保護剤の承認基準の開発を含む、承認手続きの適正化

○耕種農業に付随する貴重な植物相を保護するために生態系的損傷の閾値を開発し確立すること（画像認識と選択的制御を備えた現代のデジタル技術によって可能になっている）

○デジタル・インフラの全国的な拡大、およびジオデータへの均等なアクセス促進と農業経営への無償提供

3.4　畜産

　畜産に対するさまざまな要求が増え、プロセスと生産物の品質に対する期待が高まるにつれ、家畜の総数が減少する可能性が高い。環境と気候保護のために、農場間の協力の上に立つ地域的な栄養管理モデルも含め、農地利用を基盤とする畜産が必要とされている。

　動物福祉を効果的に向上させるためには、畜産の広範な再編成（家畜の飼養管理方法を含む）が必要である。その目標は、生産物・プロセス志向の高品質生産を重視し、十分な所得を確保でき、長期的に社会的に受け入れられる方法で運営できる経営でなければならない。そのために、こうした再編成を、幅広い農業政策手段で支援しながら、推進、加速することが求められる。これには、適切な資金調達政策、動物保護に関する法的要求レベル引き上げ

171

第Ⅲ部　ドイツ農業の将来―社会全体の課題

と項目の追加、目標とニーズを踏まえた技術〔採用〕の奨励、さらに研修、再教育、改良普及が含まれる。

　ZKLの理解するところでは、畜産の再編成を成功させるだけでなく、畜産物の消費と生産を縮小することが必要不可欠である。そのためには、畜産経営者が十分な収入を確保できる効果的な仕組みが必要である。

畜産に関する有識者ネットワーク：ZKLは「畜産に関する有識者ネットワーク」の動物福祉配慮型畜産への転換に関する提案を支持する。また、畜産の必要かつ大胆な変革は、「消費者向けの表示や情報提供といった市場ベースの施策だけでは近い将来中には到底達成できない」として、長期的かつ包括的な変革戦略を推奨する同ネットワークの見解にも同意する。

動物福祉：畜産における動物福祉を向上させるには、以下のきめ細かな配慮も必要である。

　　○大量生産による畜舎建設システムと屠畜施設につき、動物福祉試験と承認手続きを導入

　　○非治療的医療処置の確実な終焉

　　○苦痛を生じさせたり、子孫へ悪影響を与えたりする繁殖〔方法〕禁止の具体化と実施

　　○動物福祉に配慮した屠畜に関する法的要件の策定と、施行済みの法的規則の実施

　　○より動物に優しい生産・屠殺方法の奨励と法的統制

　　○生きた動物、とくに幼若な動物の輸送の必要性を低減または排除する加工・生産チェーンの開発および実施。欧州法に基づく動物福祉基準の遵守を確保するため、原則として、ドイツおよびEUから第三国への動物輸送の防止をめざすべきである

　提案された措置が実際に動物の利益につながるように、農場での動物保護の内部点検の実施義務と検査の標準化を、できるだけ農場の負担にならないような形で具体化しなければならない。さらに、適格証明の強制と、家畜飼育担当者に対する定期的な追加研修の義務、および包括的な国の改良普及手

172

段を導入しなければならない。

環境保護：環境保護の面で、家畜が多くの小規模経営で飼育されるか、複数の畜舎で家畜を飼養できる少数の大農場で飼育されるかは関係ない。過去には、経済的インセンティブ（正の集積効果とクラスター効果）と規制の不備とによって、国内の地域によっては畜産がかなり過剰に集中していた。しかしながら、疾病からの防護、動物福祉（事故発生時など）、排出物からの（近隣住民）保護の観点から、原則として、1農業事業所当たりの、最大飼養家畜頭羽数の上限か、有資格飼育担当者の最低配置数かのいずれかを規定すべきかどうか、検討すべきである。

　家畜飼育方法の改善は、栄養循環を改善し、抗生物質耐性菌の蔓延を抑え、バイオエアロゾルの悪影響から畜産農場周辺の住民を守ることにもつながる。そのためには、畜産施設・設備に関する適切な認可・免許状制度、建築法上の選択肢、そして、現実的な栄養バランスを考慮しながら首尾一貫した肥料法の運用をおこなうことが必要である。

地域的な偏りの是正：畜産の地域的集中が問題となっており、地域内農場間栄養管理モデルを考慮に入れた、農地利用を基盤とする畜産を推進するとともに、併せて土地の自然条件を考慮し畜産のより均等な分布を図ることにより、畜産クラスターの地域的偏りを是正することが必要不可欠となる。畜産を空間的に分散化させることのプラス効果には、地域内での飼料生産の拡大、栄養分排出の集中緩和、生産物の輸送から生じる排出物や廃棄物の減少、そして動物の福祉・健康面で優れた畜産システムが可能になることなどがある。これに関連して、たとえば地域内での食肉処理・加工・販売体制の強化によって、畜産業の川下にある食肉産業の分散化・域内立地を図るべきである。

建築・環境汚染防止法：動物福祉レベルの向上には、畜産施設の新設や改装が不可欠であるが、法的規制や許認可事務が、この目標に関わる実務の迅速な実行の妨げになることが少なくない。動物福祉を高める環境適合型畜産施設に対する許認可法の迅速かつ効果的な運用を図るべきである。とくに環境汚染防止法は、畜舎の改装をより困難にしており、見直しが必要である。た

第Ⅲ部　ドイツ農業の将来─社会全体の課題

とえば、建築許可において、より明確なガイドラインを作成するだけでも得策であろう。

B-4　経済的行動分野、政策オプションおよび提言

　農業者は、投資、従業員、農場の継承、あるいは事業全般の展開について、長期的な計画立案に際しての保障を必要としている。多くの農場がその経済的能力の限界に達している。とくに環境保護と動物福祉における基準の引き上げ、市場における非対称な力関係、そして、買い手（乳業メーカー、食肉処理業者、農産物流通業者など）に対する農業者の相対的に弱い立場、さらに国際貿易における不平等な基準が、価格とコストの圧力を高めている。食料供給の骨格をなす農業・食料システムの転換に関わる包括的な目標は、気候、環境、生物多様性、動物福祉、人間の健康に対する負の外部性の発生をできるだけ回避することである。この回避のためのコストは、農業事業者だけで負担できるものではない。それは社会全体の課題である。真の政策的課題は、こうしたコストを社会的に公平に負担することにある。

収益性：ZKLは経済的に存続可能な農業を保護し、その価値形成力を向上させることを目的とする提言や施策を策定する。若手農業者や潜在的な後継者を含め、農家は、確実な経済的見通しがあってこそ、農業システムの包括的な転換にともなう課題や挑戦に踏み出すことができる。そうした将来には、多角化や新規事業分野への参入によって農場に新しい経済的な機会をもたらすことも含まれる。

4.1　市場

　ZKLは、環境的に持続可能な農業への転換は、市場を基盤とするメカニズムによって促進できると確信する。そのためには、次のことが必要である。
　〇現在は外部化されている負の効果の回避が、生産者にとって経済的に魅力的なものになること
　〇市場機会が環境的・社会的持続可能性とも密接に結びついていることが

174

不可欠で、それにより生産物やプロセスを含む品質に基づいた競争がより重要になってくること

○公的補助金は、農業による公共財供給を目的とする資金調達に対して供されるようにならなければならない

この目的に必要な財源の大きさは、現在の市場規模ならびに農業政策における既存の公的資金を超える。ZKLは、消費の抜本的転換がコスト削減に寄与するとはいえ、国民経済に占める農業・食料システムの割合を高め、個人の生活費に占める食費の割合を高めることが必要だと考える。

資金源としては、原則として、①食料等の農産物の市場収益、②消費者に対する賦課金（たとえば、動物福祉賦課金）から得られる資金、③市場を基盤とする手段（たとえば、温室効果ガスの排出量取引）、④私法上の手段（たとえば、契約による自然環境の保全、営農活動における環境保全のコスト・効果の定量的な把握を目的とする環境会計）、⑤政府からの資金援助、⑥その他の私的または地方自治体の基金、⑦節減された外部費用の再分配、などが考えられる。

4.1.1 農業生産における外部効果の発生回避と内部化

農業・食料システムは、巨額な外部効果の発生を可能な限り回避するか、やむを得ない場合は経済的に内部化するように転換しなければならない。農業の正の外部性も明確に考慮されなければならない。

○CO_2（二酸化炭素）、CH_4（メタン）、NH_3（アンモニア）、N_2O（亜酸化窒素）の排出と、炭素隔離などを通じた農業の正の外部効果

○生物多様性の損失と、文化的景観の保全や地域のレクリエーションへの農業の貢献

○水域の富栄養化や地下水への硝酸塩排出と、農業の洪水抑止に対する貢献

○畜産および食肉産業における動物福祉への悪影響

○栄養不良がもたらす医療費の増大と、食料安全保障

食料システムに属する企業は、投資に向けた将来計画を立てることができ、

第Ⅲ部　ドイツ農業の将来—社会全体の課題

適応に対する財政的な支援を受けられる保障を必要としているが、農業と食品産業向けの暫定的資金提供プログラムがこうした転換を可能とする。同時に、外部性の内部化には、変更にともなって影響を受ける農場が前もって備えることができるように、適切な期間とそれなりの環境が用意されるべきである。

　ドイツの食料システムがEU域内市場に緊密に統合されていることを考慮すると、外部効果の内部化を促す政策的措置はすべて欧州レベルで組み込むべきである。措置の実施に際しては、EU域内市場内の加盟国間の生産（拠点）の移転が起こらないような環境を構築すべきである。近い将来に措置の欧州標準化の実現が見込めない場合は、EU域内での生産再配置による漏洩効果を回避できるような形で、各国レベルの措置をとるべきである。

食品価格上昇に対する社会的補償：食料の生産・消費に関わる外部コストは、現在、医療制度や環境において発現しているが、ゆくゆくは、外部コストの発生回避や内部化によって、これらを減少させることが目標であり、期待されている。ただ、このような展開は、短期間で起こるものでなく、長期を要する可能性が高い。所得の低い消費者グループや立場の弱い世帯（たとえば、移転所得に頼る世帯）が一時的な食料価格の上昇によって負担を強いられるのを防ぐためには、これらのグループに対する社会政策的支援と金銭的補償を確保しなければならない。

　ZKLはこれらの手段を活用するよう推奨する。

○果物、野菜、豆類の付加価値税率引き下げ

○無料で質の高い託児所と学校給食

○生活保護の基本給付の基準要件の調整

○所得税非課税層向け社会給付の増額と組み合わせた所得税率の引き下げ

○現在、CO_2排出権やCO_2課税の文脈で議論されているような低所得世帯に対する特別給付金や税還付

B 提言

4.1.2 食料システムにおける力関係、独占禁止の問題

農業政策の目標のひとつは、価格と品質の両面で競争が激しい農業セクターにおいて、企業家としての農業者がエコロジー的・社会的責任の枠内で利益を上げながら働けるようにすることでなければならない。また、農業政策の管理・支援手段は、バリューチェーンの構造に起因する農業の競争上の不利性を平準化し、市場化に適合しない社会政策的目標を補完できるものでなければならない。

ZKLは、農場、食品加工業者、食品取り扱い業者の間で公正な交渉が行われ、負の外部性の回避・内部化のために生じるコスト上昇が、消費者に至るまでのバリューチェーン全体で平等に負担されるような競争的空間の創出を提案する。このような競争的空間を構成する重要な要素は以下のようなものである。

小売業者や製造・加工業者、消費者との長期的な協力・購買関係は、農業者の収入増加やリスクの緩和、計画の安全性の増進に役立つ。供給量の一部について売買当事者間の交渉で出荷数量計画や固定価格を決定できれば、動揺の激しい食品市場における関係者のリスクを軽減することができる。

農産物の買い手側（加工業者や貿易業者）での集中構造のいっそうの強まりを考慮すると、バリューチェーンに沿って、各々の能力と限界に応じて、市場リスクをより公正に分散させる措置を講じるべきである。これは、たとえば、生産者団体の〔活用〕奨励や、システムの各段階間の拘束力のある協定〔締結〕の奨励・規制によって実現可能である。バリューチェーンにおける農業経営の交渉上の地位を現行の規制を遥かに超えて強化するには、独占禁止法上の生産者とその販売組織の優遇措置を強化しなければならない。サプライチェーンのいくつかの段階を包含する業種間の組織化は、生産者の品質改善や販売促進や収益の改善に役立つと思われる。生産とマーケティングにおける協同事業は負担を分かち合い、基盤を強化することにつながる。

さらに、農業所得を安定させ多様化させるために、農業経営向けの革新的なビジネスモデル（たとえば、連帯農業、直販やオンライン・マーケティン

177

第Ⅲ部　ドイツ農業の将来—社会全体の課題

グの構想、〔農業などで要支援者に就労機会を提供する〕グリーン・ケアへの支援強化が提案されている。新しいビジネスコンセプトの実行により、農場が早々に農業ビジネス向け資金の受給基準を満たせなくなるようなことが絶対に起こらないようにすることが重要である。

　消費者がオンラインで食品を注文したり、生産者から直接購入することが増えており、コロナの大流行はこの傾向に拍車をかけた。農業者がこうした成長市場に対応できるようにするために、技術や戦略に関するコンサルティング・サービスを提供することによって、直販に適合するデジタル・アプリケーションの利用を支援すべきである。さらに、食のプラットフォームなど、すでに市場に存在するデジタル・ビジネス・モデルとのネットワーク強化も理にかなっている。デジタル化は、マーケティングの新しい形態やチャネルを開くだけでなく、特定産品について、幅広く、かつ地域や個人属性や革新性において対象を絞った生産者・顧客間の対話をも可能とする。地域のバリューチェーンにおける協力関係が緊密であればあるほど、付加価値が地域内に残る可能性が高くなる。革新的なマーケティング・チャネルと地域的バリューチェーンには成功の機会がある。たとえば、地域事業プログラムと原産地の明示と地域産品表示の拡大により、地域マーケティング（直販）が促進されるのである。

　要するに、ZKLは、農業・食料・栄養システムにおける各段階の相互関係や交渉上の地位は、システムと構造の両面において再設計されるべきだと考える。生産者とバリューチェーンの川下段階との間で、直接またはデジタル・ネットワーク上で相互に働きかける関係の構築が、市場でのさまざまな地位の対等化に役立つのである。そこで、こうした文脈において、ZKLはとくに、統一的な最低規準に基づく透明性のある表示制度とあわせて、地域的、局地的なバリューチェーン・パートナーシップの拡大を強く推奨する。顧客との近接性や加工・販売段階における深みのある価値付加（単なる原料生産ではなく原料の洗練）からこれまで以上の便益を得られるように、川下の価値付加活動に関わる機能を農場の営みの一部として統合できるよう支援すべ

きである。加えて、新しい生産モデルやコンセプト（農場と新興企業、地域の食品加工業者とコミュニティ・ケータリング事業者の協力など）を奨励すべきである。また、生産者が将来の計画を立てやすいように、数量、品質、価格、契約期間に関する具体的な情報を盛り込んだ拘束力のある供給契約の締結を促進すべきである。生産者に過失がないにもかかわらず納品できない場合（不可抗力）の責任を排除する不可抗力条項も、供給契約の標準的な構成要素とすべきである。全体として、バリューチェーンのすべてのアクターが参加する横断的アプローチを強化し、農業生産に関するコミュニケーションを強化すべきである。ZKLの見解では、これには、紛争を解決するための調停メカニズムの確立や、公正な取引文化（たとえば、行動規範やオンブズマンや価格監視員など）に関する合意形成も含まれる。

4.1.3 市場の透明性、表示制度、および認証制度

システム全体を通じて消費と需要を持続可能な形で発展させるためには、供給側の産業が関わるだけでなく、最終消費者に至るまでの需要者側にできるだけ包括的な情報を提供する必要がある。すべての関係者は、農場から食卓に至るまで責任を持って資源を扱わなければならない。そのためには、情報の非対称性を減らすことによって、消費者主権を強化することが不可欠となる。

政策立案者、企業、業界団体、そして農業が、国内の農業と食品産業の貢献と潜在力をより効果的に伝達していくことは、ドイツ国内の食料生産の評価を高め、したがってその価値創造につながる。食料生産の貢献に対する理解が進めば、消費者価格の上昇分を負担することへの抵抗感が軽減される。このことは、追加される便益が明確でわかりやすくなればなおさら当てはまるが、追加的な便益をわかりやすく伝達することは可能である。このようなコミュニケーションによって、経済的アクターの個別的な取り組みにとどまらず、食品の原産地と（生産・加工・流通）プロセスの質に関する明確で信頼できる情報を提供すべきである。

第Ⅲ部　ドイツ農業の将来—社会全体の課題

　消費者は、価格よりも品質をよりいっそう重視しつつある。消費者にとって、購入する食品の原産地がますます重要になってきており、この傾向は今後も続くと予想される。現在、消費者はさまざまな表示制度のラベルが貼られた製品を含め、非常に多様な製品を市場で選択することが可能であるものの、「有機」を除けば、わかりやすく包括的な形式で持続してきた制度やプログラムは存在しない。また、過剰なほど種類の多い表示の存在は、消費者が適用される商品の特性を確実に識別できないことを意味する。したがって、品質とプロセスの特性に関して、信頼性の高い表示制度を形成し、大幅に透明性を高める必要がある。あわせて、信頼性の高い情報を伝達するために、デジタル技術が必要であり、その重要性はよりいっそうの高まりをみせている。

　その焦点となるのは、〔矛盾や齟齬のない〕一貫した表示政策、認証制度の信頼性を高める努力、および地域的パートナーシップの強化である。

　食料システムの諸段階における購買に関する持続可能性基準の自主的な取り組みも強化されるべきである。この点については、公的機関が先駆的な役割を果たすべきである。

　ZKLは、ドイツにおけるEU品質事業計画の利用拡大を含め、公的および協同的な品質表示の強化と促進を提言する。原産地呼称保護制度は、ドイツではほとんど利用されていないが、競争上の地位を強化する点において農業にとって大きな可能性を秘めている。その結果、加盟国間の制度的調整を経てEU全域に適用される、政府による拘束力のある持続可能性に関する最小限の表示規格制度を進められるように、不統一でわかりづらい品質表示制度の空虚な膨張・進行を抑えるべきである。

　①動物福祉に関する表示、②加工食品の主要原材料の原産地表示、③最小限の地域原産地表示の基準、④科学的な根拠に基づく栄養スコアによる栄養表示などの分野について、EUレベルでわかりやすい義務的な表示制度を導入すべきである。将来的には、科学的に定義された指標に基づく持続可能性に関する表示も課題となる。

B　提言

4.1.4　有機農業

　有機農業は、ひとつの農業生産、食品加工、およびマーケティングのシステムであり、規制の遵守を監視・管理するEUの法律で詳細に規定されている。持続可能性の確保に向けた食料システム転換という文脈において、有機農業はさまざまな役割を担っている。

　有機農業は、独自の注目すべき極めてダイナミックな市場（直近の年間販売額は約150億ユーロ）を有する唯一の持続可能なプログラムである。プロセスの品質が包括的に定義されていることから、市民は購買行動において農業に対する具体的な要求を実現することができる。

　ZKLは次のことを提言する。

○加盟国でのEU農業政策の施行に際して、有機農業の拡大という政策目的に応じて、農地の利用法の転換や維持に向けた財源が提供されるように保障しなければならない。

○有機農業生産に加え、有機食品産業も強化する必要がある。有機食品加工企業の数、構造、多様性が農場の販売機会を左右するからである。

○農業研究のための公的資金は、拡大目標に見合った規模で、営農訓練や技能訓練をともなう体系的アプローチや学際的アプローチに従った研究に振り向けられるべきである。

○研究・技術革新や訓練、助言を通じて、上記の社会的目標に対する貢献と生産性の向上のための資源を、有機農場に提供しなければならない。研究開発の例としては、デジタル・アプリケーションの利用、銅剤や広範囲に作用する天然殺虫剤〔ニコチノイドなど〕の使用に代わる選択肢、輪作の最適化、最小耕作のコンセプト、生物多様性に配慮した草地管理、有機肥料の効果引き上げ策、適切な植物品種や家畜品種の育種、動物の健康増進などが挙げられる。

○有機農業の拡大目標に対応する範囲内で、公共調達の購買力を有機農業に有利になるように用いる必要がある。

　さらに、有機農法と慣行農法の両方の技法を用いることで、高い生産性と

181

第Ⅲ部　ドイツ農業の将来─社会全体の課題

高い持続可能性の両立を可能とさせるコンセプトを議論し、編み出すべきである。

4.2　農産物貿易における公正な競争条件

　農産物・食料の国際貿易は──世界全体としてみても──、たいていは食料や食生活に変化をつけるとともに、豊かで確実な供給という望ましい効果に結びつく。しかし、たとえば家畜飼料の輸入に見られるように、国際貿易は、環境に負荷をかけ社会に負の影響を及ぼすとの議論も増えつつある。国際貿易の負の側面には、ドイツや欧州連合（EU）で一段と高い持続可能性基準の導入を困難にすることにとどまらず、生物多様性や気候変動への悪影響、さらにはグローバルサウス諸国の食料主権が脅かされることも含まれる。したがって、国際貿易による弊害が生じないようにするには公正な国際的競争条件が必要となる。

　貿易協定は市場アクセスを促進すべきであるが、同時に人権の尊重を保障し、食品安全や畜産、環境保護、労働条件に関する欧州及びドイツの保護のレベルダウンを絶対に起こさないようにすべきである。一方では関税・非関税障壁を撤廃し公正な市場開放を進めること、他方で、持続可能性に関する共通目標、つまり、環境や動物福祉、労働安全衛生、食品安全、および消費者保護といった基準のいっそうの進化を大胆に推進し、EUの予防原則の認知を図ること、これらを貿易協定に組み込むことが必須である。国際貿易をおこなうにも、世界的に掲げる持続可能性目標を達成するにも、多国間協定、共通のルール及び機関が求められる。したがって、持続可能な国際（農産物）貿易の目標は、これに対応する世界貿易機関（WTO）の多国間の規制の枠組みづくりでなければならない。

　ZKLは、国内の持続可能性基準、及び、もし実現できるならばEUレベルの持続可能性基準の数が増える事態に対応して、国内およびEU域内市場で生産された農産物・食料の輸出市場における競争力を維持し、農業生産の立地変更や移転が起こらないようにするために、国際競争について公正な競争

182

条件を確立するよう提唱する。

　対外食料貿易における国際関係の透明性を高めるために、ZKLはすべての食料を対象に、消費者が少なくとも主要成分の原産地とともに、社会的、エコロジー的持続可能性に関する中核的な特徴を理解できるような「国際認証ラベル」の表示義務化を提唱する。国際的な調整を経た協定はそのための重要な基盤となる。これに対応する交渉を信頼されるやり方で先導できるようにするため、ドイツはEUにおけるこうした基準の表示義務化を推進していかなければならない。

　持続可能性に関する社会的、エコロジー的基準の低い地域への生産の移転を防ぐために、社会的、エコロジー的に持続可能な生産方法の競争力を保護しなければならない。これらの対外保護の活用は、WTOの規則の枠内で、他のすべての貿易相手国にも当然認められるべきである。さらに、貿易協定の枠内でグローバルサウスの後発開発途上国が自国の食料市場を輸入品から保護するのを、独自の食料のサプライチェーン構築に役立つ限りにおいて、ドイツは政策的に認めるべきである。開発途上国の農業振興を目的とする輸入特恵を認める場合は、これらの国におけるバリューチェーンの発展と雇用拡大を後押しするために、対象に加工食品も含めなければならない。貿易協定の締結に向けた明示的な基盤をつくるために、ドイツの政策立案者はこの公約を積極的に掲げていくべきである。

　今後の農業協定には、農業生産における高水準の社会的、エコロジー的基準の遵守に関する双務的な約束を不可欠のものとして取り入れなければならない。この約束は、同一の基準（たとえば同一賃金）を設けるということではなく、一方で、すべての参加国に対して適用される国際協定の定義と履行について定め（たとえばILO基準）、他方で、もっと厳しい持続可能性基準を規定するものであり、後者の基準がEUへの輸入品に関わる特殊要件となる。できるだけ、WTOによって多国間の規制の枠組みを構築していくことが望ましい。ZKLは、通常の対外貿易政策の枠組み内において農産物輸出に関する技術支援や業務支援を行なうのは、当然のことと考える。

第Ⅲ部　ドイツ農業の将来―社会全体の課題

4.3　公的助成

4.3.1　共通農業政策

　EUの共通農業政策（CAP）の制度設計がどうなるかが、現存する手段のなかで2023年以降の進路を左右する中核的なもののひとつとして、特別な役割を果たすことになるであろう。

共通農業政策の展開：議論の焦点は、CAPの第1の柱（価格・所得政策）ならびに第2の柱（農村振興政策）による支払いをさらに改良していくことである。

　ZKLの意見では、CAPは、持続可能な農業・食料システムへの移行を管理し、農業者が気候保護、大気や水の浄化、及び生物多様性に関する目標達成に必要な貢献を果たすことで環境を包括的に保護していくことができるようにするうえで、決定的に大きな役割を演じなければならない。

　面積割りの直接支払いは、WTO農業協定の締結に向かう過程においてEU域内の介入価格の引き下げに対する補償として1992年に導入されたものである。当時は、このような補償は世界市場に順応するための手段としてきわめて理にかなったものであった。それから30年近く経った今日、価格支持の引き下げを名目とする直接支払いはもはや正当化できないが、多くの農場で依然として直接支払いが農場収入のかなりの部分を占めている。直接支払いでは、世帯収入や農場所得とは関係なく補助金が支払われ、他方、大規模農場は、規模の経済によって小規模農場よりもコスト効率のよい生産が可能である場合が少なくないため、直接支払いの恩恵が相対的に大きい。こうした転倒作用の結果として、着実に利益を享受するのは主に土地所有者であって、意欲のある農業者ではない。農業経済学研究においても、直接支払いのイノベーション阻害効果が指摘されている。

　現在の主要課題は、環境保護と動物福祉の幅広い目標を達成することであり、農業に求められる転換のプロセスを支援していくことである。現行の形の直接支払いではこの目的を達成することができない。ZKLは、現行の面積割りの直接支払いは、これからの時代の要請に合致しておらず、再編する必

要があることに同意する。

ZKLは、CAPの第1の柱と第2の柱の精緻化および制度設計について、以下のことを提案する。

○2023年に始まる2期の財政計画期間にわたって、CAPの第1の柱で実施されている現行の面積割り直接支払いを、社会的目標に沿って取り組まれる特定のサービスを経済的に魅力あるものにする支払いへと段階的に転換していき、いずれは完全に移行すべきである。CAP制度の転換開始に際して、暫定的な面積割り直接支払いの受給に関連して2023年から適用されるEU共通の最低要件（コンディショナリティ）における国別の追加要件は、同時に、同じ目的の達成に向けて、経済的に魅力のある面積割りや手段別の有機農業スキーム、及び農業に関わる環境気候変動対策事業（AECM）が準備されるならば、免除すべきである。

○2023年からのCAP財政計画期間中の移行期、ドイツはEUのコンディショナリティを遵守する必要がある。EUのコンディショナリティの遵守を促すエコ・スキームの提起により、農業者は、転換による経済的影響を受けない状況におかれるべきである。とくに小規模農場については、数ヘクタール分の補助金であったとしてもCAP制度の転換を図る手段として利用できるようにすべきである。

○生物多様性施策は、エコロジー面で効果的な、空間的な広がりをもつ形で実施できるように、一方で、その地域での措置がビオトープや景観資源などのネットワーク化につながるよう設計されている場合には、一時金の支払いや上乗せ支給をおこなうべきである。他方では、各地域で農業者と自然保護活動家がいっしょになって生物多様性施策を計画するといった協働による解決策を推進すべきであろう（例えば、生物多様性を保全する生産者組織の取り組みの一環として）。

○第1の柱から第2の柱に再配置された資金は、生物多様性の保全措置と気候保護措置に充てられるべきであるが、同時に、第2の柱においてすでにAECMに充てられている資金はそのまま据え置かれるべきである。

185

第Ⅲ部　ドイツ農業の将来―社会全体の課題

○遅くとも2028年までに、たとえば、(1)「ナチューラ2000」〔生物多様性を保全するためのEU最大の自然保護区のネットワーク〕地帯における既指定地域の保全と改善を目的とした苦難生活補償やその他の特定措置向け、あるいは (2) 有機土壌づくりを通して温室効果ガスを削減する農業向けに、使途指定された連邦資金を確保しておくべきである。EU各国は、特定のプログラムについて資金提供を「申請」することができる。この資金は、〔CAP〕第1の柱から配置換えされる資金の一部である「エネルギー・気候基金」やその他の連邦予算から捻出されることになる。

○EU及び加盟国の自然保護区は、生物多様性保全の目的達成に不可欠な要素である。欧州の生物多様性保全や気候保護の目標を達成するために必要な資金は、保全地域（ナチューラ2000地域や自然保護区、水源保全地域）における農地の適切な管理や、有機農業のシェア拡大といった目的のために使用され、第1の柱と第2の柱の両方から捻出されることになる。

4.3.2　連邦および州レベルの助成手段

かつては、資金の確実な使用や連邦各州間の公平な分配といった指標が、計画設計のなかで大きな役割を果たすことが多かった。したがって、明確な目標の定式化や目標達成の検証、学習プログラムの設計には必ずしも焦点が合わせられていなかった。

そうしたなかで、全国的な助成施策に関しては、「農業構造改善および沿岸保護の共同課題」（GAK）が特別な役割を果たしている。このGAKは農林業および農村開発を支援し、沿岸保護や洪水防止の改善を図るうえで最も重要な全国的助成装置である。各州が拠出する基金を合わせると、GAKの総額は年間約19億ユーロにのぼり、EUとの共同資金負担以外にも、自然保護を目的とした助成に、これまで毎年約3,500万ユーロが配分されている。

晩霜、豪雨、干ばつ、暴風雨など気候危機にともなう異常気象がますます

深刻化するなか、農業ビジネスはその復元力（レジリエンス）を高めなければならない。リスクの予防には、耕作方式を適合的なものに変えていく必要があるが、それに加えて、金融的手段も役立つ。そのひとつの方法が、政府が財政支援する任意保険の新設である。もちろん、CAP資金は他にも多くの課題に必要とされており、任意保険の新設資金はCAP以外から調達せざるをえないであろう。ただし、異常気象リスクに関わる災害援助が、当該保険の新設によって今後数年間で基本的に不要になると考えられるため、資金調達は可能なはずである。これで、相互扶助の原則にのっとって組織される共済制度を確立するための基盤となる手持ち運転資金を調達できる。また、リスクを平準化するための準備金を企業が非課税で積み立てられるようにしなければならない。

　農業の他の経済部門に比べて自然的・経済的に不利な点を補うえで、税制上の優遇措置が役立つ。こうした優遇措置は、その目的について、そして、農業の持続可能な転換を後押しするものであるかどうか、また、どのような方法でそれを後押しするのかについて吟味し、必要に応じて欧州の実状に合うように、改良・再編していくべきである。

4.4　技術的進歩

　ドイツの持続可能な農業は、動物にも自然にも環境にも優しい方法で、高品質の食料と再生可能な原材料を生産するものでなければならない。同時に、それは、生産性が高く、ドイツや世界の他の地域における自然生態系の破壊的利用の減少に貢献できるものでなければならない。資源を節約し、土地効率の良い方法で生産することは、環境への有害な排出を回避し、長期的な炭素隔離を通じて気候保護に貢献する。これらすべてにおいて、技術の進歩は、農業の転換プロセスにとって十分条件とは言えないものの、必要条件のひとつを構成する。

テクノロジーとデジタル化：現代の作物生産は、デジタル技術を含む科学的根拠に基づく最新技術の利用により、作物を効果的に保護し、肥料を無駄なく施用し、環境への悪影響を最小限に抑えることを可能にしている。肥料や

第Ⅲ部　ドイツ農業の将来─社会全体の課題

農薬のエコロジー的、経済的に効率的な使用は、生産性を損なうことなく、これらの投入量削減につながる。その例として次ようなものがある。

○肥料をより経済的に使用するための革新的な予測モデルや意思決定支援（リモートセンシング技術や精密農業）

○包括的なジオデータを用いた、圃場ごとの養分散布のデジタル制御（傾斜、土壌の種類と態様、流路などの自動判断）

○有害菌の巣窟に標的を絞った殺菌剤の散布

○リバウンド効果などの環境への悪影響を回避するために、資源集約型技術の使用においてエコロジー的貢献を検討

畜産のデジタル化（例えば、センサーを通じた）の進展は、動物ケアや動物福祉の向上に役立つが、当面、飼育者の目を代替することはできないだろう。より良い動物福祉を実現するには、動物福祉を向上させるための特別の支援策とともに、適切な研修や定期的な継続教育、動物の健康と福祉のモニタリングがより適切な手段となる。

農芸化学の進歩：農業用化学物質の研究開発は、農業の持続可能な転換に重要な貢献をしている。

この観点から、ZKLは以下の提言を行う。

○窒素損失とアンモニア排出を削減できる硝化成抑制剤やその他の物質について、適切な承認手順の開発を促進すべきである。

○植物活性剤（バイオスティミュラント）は、植物が気候変動に抵抗し、栄養吸収を改善し、品質を向上させるのに役立つ。技術革新に適した法的認証の明快な枠組みを創出する必要がある。

○低リスクの生物学的な作物防除用品や天然無機質は、自然や環境、健康にとってリスクの高い作物防除法を補完し、長期的にはそれに取って代わるべきである。市場への導入を予測可能なものにしそれを加速するためには、この製品セグメントに対して、EU全体で共通化された、適切なリスクアセスメントと承認の基準が必要である。

作物の育種と種子：できるだけ多くの作物種について、場所や気候に適応し、

188

B 提言

高収量で、丈夫で健康的な、食用、飼料用、加工用の高品質品種の保存を図ることは、復元力（レジリエンス）に富み生産性の高い農業・食料システムをさらに発展させるうえで中心的な役割を果たす。

　ドイツの農業と園芸の将来にとって育種のもつ中心的な重要性は、適切な資源によって支えられた長期的かつ広範な政策戦略によって擁護されるべきであり、その文脈において、ドイツとEUの各レベルにおける法的枠組み条件を設計するとともに、研究資金の調達、知識の伝達、および訓練について、上記の行動諸分野に対する組織的かつ整合的アプローチを取るべきである。この文脈において、ZKLはドイツ研究財団（DFG）に対し、あわせて植物育種に関する元老院の設置を提案する。

4.5　予防は報われる──コストと便益の概要

　これまでの農業・食料システムは、かなりの負の外部性（すなわち負の外部コスト）をともなっている。これらは、動物福祉に加えて、とくに気候、生物多様性、環境（地下水や表流水）への栄養塩排出に関連している。最近の研究によれば、大気汚染物質の排出、水質汚染、土壌劣化などによるドイツ農業の外部コストは、少なくとも年間400億ユーロに達する。生物多様性、つまりとくに種、遺伝子、生息地（しゅ）の多様性の喪失と、それにともなう生態系サービスの損失も考慮すると、農業の推定外部コストはさらに500億ユーロ増加することが推定される。これによると、ドイツの農業は少なくとも年間900億ユーロの外部コストを生み出していることになる。

より持続可能性の高い農業に関するコスト計算：本報告書に概説された転換には、かなりの資金需要がともなう。ドイツの農業生産を危険にさらさないためには、転換にともなうコストを農業だけに負担させることはできない。外部コストを回避・削減し、農業生産・食料システムの外部便益を増進するためには、追加的な経済的インセンティブが必要である。これを実施するには、社会全体、つまり農業・食料部門の企業、消費者、そして最終的にはすべての納税者に負担が求められる。

189

第Ⅲ部　ドイツ農業の将来―社会全体の課題

必要な資金総額：ZKLの提案に沿って、ドイツ農業を持続可能性に向かうよう方向づけするために必要な資金総額は、年間約70億～110億ユーロになる。

対　策	必要資金（ユーロ）
景観要素と不作付け地〔の維持〕	6 億～10 億
農村地域における EU 自然保護指令の実施	10 億
泥炭地と泥炭地地域の再湿地化	1 億 6,000 万～13 億 5,000 万
有機農業の拡大	16 億～24 億
耕地の 25～33％で農薬排除（耕作中止 9 ％と有機栽培農地 8.6％を含む）	7 億 8,700 万～11 億
持続可能性、生物多様性、気候変動、動物福祉のチェック、および持続可能性評価システム	1 億 3,300 万
動物福祉	25 億～41 億

結論

　農業・食料システムの転換プロセスは、まだ始まったばかりである。それは、社会全体の課題として理解され、実施されなければならない。そうして初めて、持続可能で達成可能なものになる。ZKLの予測プロセスの枠組みでは、この包括的アプローチが最も効果的であることが判明している。

　コロナ危機は、予防が経済的にも理にかなっていることを示す好例である。同様に、環境対応向けの予防的な投資や対策は経済的に合理的であっても、政策的に受け入れられるのは依然として困難である。2021年３月24日付けの気候保護に関する連邦憲法裁判所の決定は、「将来の世代についても保護する実体法的義務」に言及している。決定は、農業・食料システムの転換についても社会全体の課題だとし、さらに、ZKLの最年少メンバー２人が共同で開発し、本最終報告書の諸提言の指針となったビジョンに唱われる意味での将来に適合する農業・栄養・環境保護・動物福祉政策を希求することが、憲法上の義務であるとも明言している。

【監訳者解題】

　「農業将来委員会」答申をより良く理解してもらうために、現代ドイツ農業の世界農業における位置や農産物輸出入、農業生産と有機農業の普及や農業構造の実態などを紹介する。

　ドイツは農業大国である。2022年の農産物輸出額は919億ドルで、アメリカ（同1,850億ドル）、ブラジル（1,320億ドル）、オランダ（1,030億ドル）に次ぐ世界第4位の農産物輸出国である。輸出相手国では、オランダ138億ドルを筆頭に、フランス76億ドル、ポーランド69億ドル、イタリア68億ドル、オーストリア62億ドルなどEU諸国が72.6％を占める。EU域外のヨーロッパでは、イギリスが44億ドル、スイスが28億ドルである。輸出品目では、穀物106億ドル、乳製品105億ドル、食肉75億ドル、油糧種子41億ドル、果実・野菜40億ドルの順である。食肉輸出の中心は豚肉で、輸出量は180万トンにのぼる。

　ドイツは農産物輸入額でも1,134億ドルで世界第3位を占める。輸入相手国は、オランダの199億ドル、ポーランドの103億ドル、イタリアの88億ドル、フランスの74億ドル、スペインの66億ドルなど、EU諸国が6割強を占める。輸入品目では、油糧種子106億ドル（9.3％）、乳製品75億ドル（6.6％）、穀物73億ドル（6.4％）、生鮮果実56億ドル（4.9％）、食肉65億ドル（5.7％）、生鮮野菜43億ドル（3.8％）などである。輸入品目のトップを占める油糧種子は、南米からの飼料用大豆輸入が中心である。なお、世界第4位の農産物輸入国日本の輸入総額は790億ドルである。

　ドイツ国土35万8,000km^{2}のうち農用地は16万5,000km^2（46.1％）を占める。林地が10万7,000km^2（29.9％）であるから、林地が国土の66.4％を占める日本とは大きくことなっている。ただし農用地のうち耕地は11万6,000km^2（1,160万ha）と農地の64.0％にとどまり、永年草地が4万7,000km^2、永年作物が2,000km^{2}である。耕地1,160万haで栽培される作物の中心は穀物の610万haで、うち小麦が298ha、大麦が158万ha、ライ麦が63万ha、その他飼料穀

191

第Ⅲ部　ドイツ農業の将来―社会全体の課題

物が50万ha、実取りトウモロコシが46万haである。

　小麦の生産量（2022年）は、435万トンで単収（10a当たり）は758kgと高収量である。

　この小麦高収量を実現したのは、①短稈種への品種改良と、②窒素肥料の多投であった。穀物全体への窒素肥料多投が、温室効果ガスである亜酸化窒素（N_2O）の放出と地下水への硝酸態窒素の流出を招き、窒素過多が最大のドイツ農業の環境汚染問題となってきたのである。窒素過多問題については、河原林孝由基・村田武『環境危機と求められる地域農業構造』（筑波書房ブックレット、2022年7月刊）を参照されたい。

　畜産物では、豚肉の382万トンを筆頭に鶏肉166万トン、牛肉・仔牛肉163万トン、羊・山羊肉3.2万トンなど710万トン、牛乳が3,260万トン（うちチーズ向けが52%）である。

　フランスの牛乳生産量は2,500万トンであるので、ドイツはヨーロッパ最大の酪農国でもある。ところが、EUが牛乳過剰生産を抑制するために1984年に導入した「生乳生産クオータ制」（酪農協同組合や乳業企業に出荷する生乳量を酪農経営ごとに制限）を2015年に廃止して以降の、生乳価格の低迷と乱高下が、酪農経営を圧迫し、急激な離農を招いてきた。ドイツでも生乳価格は2020年の31.0セント/kg、22年の60.0セント、23年の40.5セントと大きな変動と低迷が酪農経営を大きく減らす要因になっている。

　その酪農経営で注目されるのは、有機酪農の生乳価格が慣行農法のそれよりも2割余り高く安定してきたこと（2023年の有機乳価は54.5セント）もあって、有機酪農への転換で生き残りを図る動きである。その酪農を含めて、ドイツは有機農業運動でもEU諸国のなかで先頭グループに入る。2022年の数値では、農用地186万ha（農用地合計の16.6%）が有機栽培になっており、農業経営数では3万6,912経営（農業経営総数25万8,740経営の14.2%）が有機栽培農場になっている。ちなみに、EU諸国の有機栽培用地面積では、トップがフランスの288万ha、第2位がスペインの268万は、第3位がイタリアの235万haである。ドイツの有機農業経営については、有機農業団体の

192

表　ドイツの農業経営構造

	経営数 (2005年)		経営数 (2012年)		経営数 (2022年)		農用地 (2022年)		農用地 (2022年) 経営当たり ha
	1,000	(%)	1,000	(%)	1,000	(%)	1万ha	(%)	
バイエルン州	124.3	(34.0)	94.4	(32.8)	83.9	(32.4)	309.5	(18.7)	37
バーデン・ヴュルテンベルク州	50.9	(13.9)	43.1	(15.0)	38.0	(14.7)	140.8	(8.5)	37
南部2州	175.2	(47.9)	137.5	(47.8)	121.9	(47.1)	450.3	(27.1)	37
ヘッセン州	22.5	(6.1)	17.4	(6.0)	15.2	(5.9)	76.5	(4.6)	50
ノルトライン・ヴェストファーレン州	48.4	(13.2)	33.8	(11.7)	32.2	(17.4)	148.7	(9.0)	46
ラインラント・プファルツ州	21.8	(6.0)	19.2	(6.7)	15.8	(6.1)	70.5	(4.2)	45
ザールラント州	1.5	(0.4)	1.2	(0.4)	1.1	(0.4)	7.4	(0.4)	67
中部4州	94.2	(25.7)	71.6	(24.8)	64.3	(29.8)	303.1	(18.2)	47
ニーダーザクセン州	50.5	(13.8)	40.5	(14.1)	35.0	(13.5)	258.4	(15.6)	74
シュレスヴィヒ・ホルシュタイン州	17.7	(4.8)	13.0	(4.7)	12.1	(4.7)	98.7	(5.9)	82
北部2州	68.2	(18.6)	54.1	(18.8)	47.1	(18.2)	357.1	(21.5)	76
都市州	0.8	(0.2)	1.1	(0.4)	0.8	(0.3)	2.4	(0.1)	30
旧西ドイツ計	337.6	(92.3)	263.2	(91.6)	234.1	(90.5)	1,112.9	(66.9)	48
ブランデンブルク州	6.2	(1.7)	5.5	(1.9)	5.4	(2.1)	129.9	(7.8)	241
メクレンブルク・フォアポンメルン州	5.0	(1.4)	4.7	(1.6)	4.9	(1.9)	134.7	(8.1)	275
ザクセン州	7.9	(1.9)	6.1	(2.1)	6.6	(2.6)	89.7	(5.4)	136
ザクセン・アンハルト州	4.5	(1.2)	4.2	(1.5)	4.3	(1.7)	115.5	(7.0)	269
チューリンゲン州	4.8	(1.3)	1.5	(1.2)	3.7	(1.4)	77.4	(4.7)	209
旧東ドイツ計	28.4	(7.8)	24.0	(8.4)	24.9	(9.7)	547.2	(33.0)	220
合　計	366.0	(100.0)	287.2	(100.0)	258.7	(100.0)	1,659.5	(100.0)	64

なかでもっとも古い歴史をもつデメーテル協会に参加し、バイオダイナミック農法を実践する農場を本書第Ⅱ部2で紹介している。また、河原林孝由基・村田武『窒素過剰問題とドイツの有機農業』（筑波書房ブックレット、2023年5月刊）も参照されたい。

　農業経営構造が大きく変動している。ドイツの農業経営構造の大きな特徴は、旧東ドイツの集団経営、すなわち農業生産協同組合（LPG）が1990年の東西ドイツ再統一後も、法人形態は有限会社や一般協同組合法による協同組合経営に転換したものの、LPG組合員に分割されて農民家族経営に転換されることがほとんどなかったことにある。表にみられるように、旧東ドイツ地域（新連邦州）の経営構造が旧西ドイツ地域（旧連邦州）ときわだって異なっているのはそうした事情を反映している。そして、近年において、とくに2008年のリーマン・ショック後の世界金融危機をきっかけに、うまい投資先を見いだせなくなった西ドイツ地域の農外資本が、旧東ドイツ、とくにメクレンブルク・フォアポンメルン州やブランデンブルク州の大経営の買収に走ったことが、農地価格を暴投させ、新規就農を含む農民経営の創出を阻害していることが社会問題になった。また、旧LPG組合員の出資持ち分を買収する大経営買収方式が、買収企業に経営譲渡税を免れさせたことも大きな問題になり、州当局の対応を迫ったのである。ブランデンブルク州当局が、農民家族経営を優先する方向での「農業構造法」の立法を迫られたことについては、前掲の筑波書房ブックレット『環境危機と求められる地域農業構造』の第2章「環境危機の時代に求められる地域農業構造」を参照されたい。なお、地域農業構造については、河原林孝由基「ドイツ・バイエルン州にみる家族農業経営」村田武編『新自由主義グローバリズムと家族農業経営』（筑波書房、2019年刊）も参照されたい。

（村田武）

あとがき

　近年、世界中で食料安全保障問題が大きくクローズアップされている。日本でも、欧米でも、途上国でも、農産物価格が高騰し、一部では特定品目が店頭から姿を消すといった事態が起こっている。多くの国や地域で、食料の安定的な確保が重要な農政課題となり、過剰対応ばかりが強調されたこれまでの状況から様変わりしつつある。

　きっかけは、ウクライナ戦争にともなう化石燃料や肥料・農業資材の急騰や国際的な農産物市場の混乱、異常気象による旱魃や水害による不作、コロナ・パンデミックなど、食料事情から見ると偶発的なできごとの重なりのようである。だが、その背後ではもっと大きな構造的な要因が作用している。

　ひとつは、WTO体制の下で進められてきた新自由主義的な農業・食料政策の作用である。関税引き下げや自由貿易協定締結といった農産物市場開放、国内農業支持における農産物価格支持から直接支払いへの切り替えと、支持水準の引き下げが強行されるもとで、各国の安定的な食料供給基盤が失われてきたことは、論を待たない。とくにわが国ではそれが深刻である。今ひとつの要因として地球温暖化等の環境問題が待ったなしの状況に至っていることを見逃してはならない。産業革命以来の化石燃料消費の累積的結果として、21世紀中の気温上昇を1.5℃以内に収められるかどうかが、文明存続のカギと言われる事態に直面しつつある。このことは、農業のあり方にも関わる。

　日本では、食料確保の不安定化に直面して、本年、食料・農業・農村基本法が改正された。それに関わって、田代洋一氏は、「食料・農業・農村基本法の見直し論議をどうみるか」という論稿（『経済』2024年4月号）で、「国民は、いま、食料自給率の低迷、農業者や農地の急激な減少、農村存亡の危機を強く憂え、基本法改正に一縷の望みを託している。それに対し『見直し』は、肝心の食料自給率は無視しながら、官僚お得意の詳細データを示しつつ総花的な見直しを行うことで論点を散らし、そこに自らの政策意図（構

造政策の加速化）を込めようとしている。」（同22ページ）、「農業の輸出産業化やスマート農業化で構造政策のバージョンアップ」（同24ページ）を狙ったものだと的確に指摘された。

　欧州（EUや英国）では、この冬から春にかけて農民たちの激しい抵抗活動が燃え上がったが、ここでも食料の生産と確保が重要な課題となっている。欧州では、地球環境危機に対応した新しい成長路線への経済構造転換が進められようとしている（EUの「欧州グリーン・ディール」や英国の「ネットゼロ成長計画」）が、そのなかで農業は最重要視部門に位置づけられ、「農場から食卓まで（Farm to Fork）」戦略（EU、英国ともに同じ名称）への取り組みが進められようとしている。これは、面積割り直接支払いを縮小・廃止し、その財源を用いて環境保護に貢献する土地利用に報酬を提供し、工業化された農業から環境保全型へと農業のあり方を切り替えようというものである。抗議活動の重要な一因は、この転換への不安や進め方に対する不満にあった。農民運動の対応は、環境よりも食料安全保障を優先して転換に抵抗し、後退をめざす主流派（EUのCopa-Cogecaや英国のNFU）と、食料確保と環境対応の同時追求をめざして転換政策の適正化、加速化を主張するビア・カンペシーナ加盟組織（ECVCやLWA）に別れた。姿勢の違いは、農産物貿易政策にも及び、新自由主義むき出しで自由貿易協定（FTA）締結を推進する財界筋はともかく、農民運動の中でもECVCやLWAが食料主権論に基づく新たな農産物貿易秩序をめざしFTAからの撤退を主張したのに対して、Copa-CogecaやNFUは、一方で「現状のFTA」推進に反対しつつ、他方では農産物輸出支援を求めるというご都合主義的折衷論を唱えている。

　日本と欧米、さらには途上国とでは、食料問題、農業問題、環境問題のそれぞれの緊急性や問題の現れ方が異なる。とはいえ、世界はつながっており、共通して作用する大きな力から逃れることはできない。こうした事態に立ち向かう力は、家族経営であり、国民と連帯した中小農民の運動である。私たちは、このような観点から本書の作成に取り組んだ。

あとがき

　当初、本書の執筆のきっかけになったのは、第Ⅲ部にその要約版を収めたドイツ「農業の将来に関する委員会」の答申『ドイツ農業の将来　社会全体の課題』の翻訳作業であった。私たちがこの答申文書を翻訳したいと考えたのは、わが国の食料・農業・農村基本法見直し論議において、農水省官僚が依然として「構造政策」に固執しているのは、時代錯誤もはなはだしいとみたからである。新自由主義全盛期に制定された新基本法の見直しは、脱新自由主義であってしかるべきで、ここに翻訳紹介する「ドイツ農業の将来」は、みごとに脱新自由主義農政の姿を提示している。

　残念ながらこの翻訳を単行本として出版することができなくなるなかで、改めて日本の現状、世界の動向を見つめてみると、そこでの取り組みや運動のなかにも素晴らしい経験があることに気づいた。日本の実践、世界の運動、そしてドイツでの国政レベルでの取り組みを知り、考え合わせていくことで、それぞれをバラバラに追求するのでは見えないものが見えてくるのではないか、そこから学ぼうというのが本書の成り立ちである。

　第Ⅰ部は、日本の農政改革の現状批判と、日本農業の危機突破につながる現場での動きの紹介からなる。国政レベルの農政においては、構造政策一辺倒のアベノミクス新自由主義農政から脱却し、食料主権を基本に据えて農民経営を支援していく政策への転換が必要である。同時に、苦しい状況におかれながら、どっこい生きていると農業再建に邁進する各地の取り組みを広げていくことも欠かせない。

　第Ⅱ部で、諸外国の農民運動、とくに国際農民組織であるビア・カンペシーナに加盟する中小農民団体の農政批判と積極的な抗議行動を紹介できたのは、（一社）農協協会の『農業協同組合新聞』編集部からの依頼に応えて、本年２月から５月にかけて執筆することになったからである。所収論稿には、同紙掲載記事に加筆したものもある。農民の抗議活動が激発する昨今の状況もあり欧州の動向分析が中心となっているが、米国や途上国の運動との連帯も大切である。日本の私たちにとって何が学び取れるかと考えながらお読みいただければ幸いである。

197

【執筆者・翻訳担当者紹介】

溝手　芳計（みぞて　よしかず）編著、第Ⅱ部−4、第Ⅱ部−5、第Ⅲ部の監訳・
要約編集・はじめに、あとがき
駒澤大学名誉教授
主著：「イギリスの家族農業経営とブレグジット農政改革」（村田武編『新自由
　　　主義グローバリズムと家族農業経営』筑波書房、2019年）

村田　武（むらた　たけし）編著、第Ⅰ部−4（1）、第Ⅱ部−1、第Ⅲ部の監訳・
要約編集・はじめに・監訳者解題、あとがき
九州大学名誉教授　博士（経済学）・博士（農学）
主著：『農民家族経営と「将来性のある農業」』筑波書房、2021年

髙武　孝充（こうたけ　たかみつ）第Ⅰ部−1
元福岡農協中央会営農部長　博士（農学）
主著：『水田農業の活性化をめざす』（村田武と共著）筑波書房、2021年

小松　泰信（こまつ　やすのぶ）第Ⅰ部−2、第Ⅲ部のA−1・2訳
岡山大学名誉教授　博士（農学）
主著：『新訂版　非敗の思想と農ある世界』大学教育出版、2024年

椿　真一（つばき　しんいち）第Ⅰ部−3、第Ⅱ部−2（1）、第Ⅲ部のB−4（2）・
（3）訳
愛媛大学農学部准教授　博士（農学）
主著：『東北水田農業の新たな展開』筑波書房、2017年

佐藤　加寿子（さとう　かずこ）第Ⅰ部−4（2）、第Ⅱ部−6
熊本学園大学経済学部教授　博士（農学）
主著：「先進国の家族農業経営―米国北東部の酪農にみる―」（松原豊彦・冬木
　　　勝仁編『世界農業市場の変動と転換』筑波書房、2023年）

山藤　篤（やまふじ　あつし）第Ⅰ部−4（3）
愛媛大学社会協創学部講師　博士（農学）
主著：「都市生活者との共生・共感」（『大地と共に心を耕せ―地域協同組合無
　　　茶々園の挑戦―』農山漁村文化協会、2018年）

【執筆者・翻訳担当者紹介】

橋本　直史（はしもと　なおし）第Ⅱ部－2（2）、第Ⅲ部のB－4（1）訳
徳島大学生物資源産業学部講師　博士（農学）
主著：「マサチューセッツ州の都市近郊農場と保全地役権」（村田武編『新自由
　　　主義グローバリズムと家族農業経営』筑波書房、2019年）

山口　和宏（やまぐち　かずひろ）第Ⅱ部－2（3）、第Ⅲ部のB－4（4）・（5）訳
公立鳥取環境大学経営学部准教授　博士（農学）
主著：「九州地域での構造変化と担い手経営の実態」（安藤光義編著『農業構造
　　　変動の地域分析』農山漁村文化協会、2012年）

石月　義訓（いしづき　よしのり）第Ⅱ部－3
元明治大学農学部
主著：「フランス・ブルターニュにみる家族農業経営―酪農を中心に―」（村田
　　　武編『新自由主義グローバリズムと家族農業経営』筑波書房、2019年）

岩佐　和幸（いわさ　かずゆき）第Ⅱ部－7
高知大学人文社会科学部教授　博士（経済学）
主著：『マレーシアにおける農業開発とアグリビジネス―輸出指向型開発の光と
　　　影―』法律文化社、2005年

豊　智行（ゆたか　ともゆき）第Ⅲ部のA－3訳
鹿児島大学農学部教授　博士（農学）
主著：「食の安全・安心」（福田晋・藤田武弘編『食と農の変貌と食料供給産業』
　　　筑波書房、2022年）

中安　章（なかやす　あきら）第Ⅲ部のB－2訳
中国国際大学教授　愛媛大学名誉教授　博士（農学）
主著：「地場流通と地方卸売市場の変化と対応方向」（村田武編『愛媛発・農林
　　　漁業と地域の再生』筑波書房、2014年）

河原林　孝由基（かわらばやし　たかゆき）第Ⅲ部のB－3訳
（株）農林中金総合研究所主席研究員
主著：『窒素過剰問題とドイツの有機農業』（村田武と共著）筑波書房、2023年

農業は農民家族経営が担う

日本の実践とビア・カンペシーナ運動

2024年9月4日　第1版第1刷発行

編著者　溝手 芳計・村田 武
発行者　鶴見 治彦
発行所　筑波書房
　　　　東京都新宿区神楽坂2−16−5
　　　　〒162−0825
　　　　電話03（3267）8599
　　　　郵便振替00150−3−39715
　　　　http://www.tsukuba-shobo.co.jp

定価はカバーに示してあります

印刷／製本　平河工業社
© 2024 Printed in Japan
ISBN978-4-8119-0678-2 C3061